通信ネットワークのための数理計画法

博士（工学） 大木　英司 著

コロナ社

まえがき

　数理計画法は，数学的手法に基づいて，与えられた制約条件の下で，目的関数を最大化（または最小化）するものである。数理計画法は，ノードとリンクから構成される通信ネットワークにおける設計・制御の問題に適用できる。例えば，通信ネットワークとリンクの容量が制約条件として与えられた場合，ある発ノードから着ノードへ転送可能なトラヒック流量を最大化するような経路を決定する問題がある。また，リンクのコスト（費用）とある発ノードから着ノードへのトラヒック需要が与えられた場合，最も安い費用でトラヒックを流す経路を決定する問題がある。これらの問題に対する数理計画法は，通信ネットワークだけでなく，日常生活においても，電車や道路のルート検索で使われている。

　大学での講義用を含め，数理計画法やその通信ネットワークへの応用例について，工学部専門課程の学生に対応した良い入門書が多く出版されている。これら出版された本の多くは，与えられた問題を理論的に解くことができるように数学的手法を解説したものである。また，通信ネットワークに関する本では，通信ネットワークにおける設計・制御の問題を，数理計画法により解くことができる形に定式化し，ネットワークへの適用例を示してきた。

　実際の通信ネットワークを設計・制御する実践の状況においては，通信ネットワークの技術者は，通信ネットワークの問題を，数理計画法が適用できる問題に定式化し，公開・市販されている数理計画ソフトウェアを使用して，その問題をコンピュータを用いて解く場合がほとんどである。筆者は，通信ネットワークの設計・制御に向けて，理論と実践のギャップを埋められるよう数理計画法を活用するやり方を解説するテキストを提供したいという観点から，本書を執筆することにした。

まえがき

本書では,通信ネットワークへの適用に向けて,数理計画解法ソフトウェアを用いて,実践的に,数理計画法とその活用法を解説する。線形計画問題の解法ツールとして,フリーソフトウェアである GLPK (GNU Linear Programming Kit) を使用する。通信ネットワークにおける数理計画問題に対して,GLPK 向けに書かれたプログラム,GLPK による解法例を示すことにより,読者の理解を深める。さらに,数理計画問題による解法アプローチのほかに,それぞれの問題に対する代表的かつ実用的な解法例もできる限り紹介する。

本書はおもに,通信・ネットワーク工学を学ぶ専門課程の大学生・大学院生や通信ネットワーク技術に携わる技術者を対象としている。筆者は,教鞭をとっている大学で,通信ネットワークに関して,大学生・大学院生を対象とした講義・演習,および研究を行っている。本書は,大学の講義内容を拡充し,先端的研究の内容も反映して,執筆したものである。

1 章〜3 章では,通信ネットワークに関する問題を扱うために,準備として,通信ネットワークの諸問題,線形計画法,線形計画法を解くソフトウェアツールを扱う。1 章では,最短経路問題をはじめとする通信ネットワークに関する数理計画問題について述べる。2 章では,数理計画法の基本である線形計画法について,具体的な例を挙げながら説明する。3 章では,線形計画法を解くソフトウェアツール,GLPK について解説する。4 章では,おもに線形計画法が適用できる,基本的な通信ネットワークに関する問題(最短経路問題,最大流問題,最小費用流問題)について述べる。各種問題に対し,定式化,GLPK による解法,関連アルゴリズムについて説明する。4 章までは,本書で述べた例題に対して実際にソフトウェアを動作させて問題を解くと,通信ネットワーク技術に関する理解が深まるはずであり,大学生が十分に理解できるように執筆している。5 章と 6 章では,発展的な問題について述べており,大学院生向けの内容や先端的な研究内容を含んでいる。5 章では,発展的な通信ネットワークに関する問題(独立経路探索問題,波長割当て問題など)について述べる。6 章では,いくつかのトラヒック需要モデルに対して,ネットワークの混雑を最小化する問題を扱う。7 章では,IP (Internet Protocol) ネットワークにおける

経路選択問題を扱う。

　本書で例示したプログラムは，コロナ社の Web ページ(http://www.coronasha.co.jp) の本書の書籍紹介ページを開き，「本書で例示しているプログラム」から取得可能である。

　最後に，本書を執筆するにあたり，具体例や例題の作成にご協力いただいた電気通信大学の Nattapong Kitsuwan 博士に深く感謝する。講義・演習や研究活動を通じて，教材として用いた本書の草稿に対して，学生諸君から多くのフィードバックやコメントをもらった。ここに感謝の意を表したい。本書を出版するにあたり，多大なご協力をいただいたコロナ社の関係各位に厚く御礼申し上げる。

2012 年 1 月

電気通信大学　大木　英司

目　　　次

1.　通信ネットワークと数理計画問題

1.1　最短経路問題 ……………………………………………………… 2
1.2　最大流問題 ………………………………………………………… 2
1.3　最小費用流問題 …………………………………………………… 4

2.　数理計画法の基本

2.1　最適化問題 ………………………………………………………… 6
2.2　線形計画問題 ……………………………………………………… 8
2.3　シンプレックス法 ………………………………………………… 17
2.4　双対問題 …………………………………………………………… 21
2.5　整数線形計画問題 ………………………………………………… 25
章末問題 ………………………………………………………………… 27

3.　GLPK

3.1　GLPKの入手とインストールの確認 …………………………… 29
3.2　GLPKの使用例 …………………………………………………… 30
章末問題 ………………………………………………………………… 33

4. 基本的な通信ネットワーク問題

4.1 最短経路問題 ··· 35
   4.1.1 線形計画問題 ··· 35
   4.1.2 ダイクストラ法 ·· 46
   4.1.3 ベルマン・フォード法 ·· 50
4.2 最大流問題 ··· 53
   4.2.1 線形計画問題 ··· 53
   4.2.2 フロー増加法 ··· 60
   4.2.3 最大流量と最小カット ·· 62
4.3 最小費用流問題 ·· 64
   4.3.1 線形計画問題 ··· 64
   4.3.2 負閉路消去法 ··· 71
4.4 最短経路問題，最大流問題，最小費用流問題の関係 ························· 74
章末問題 ·· 75

5. 発展的な通信ネットワーク問題

5.1 独立経路探索問題 ·· 77
   5.1.1 整数線形計画問題 ·· 77
   5.1.2 独立最短経路ペア法 ·· 81
   5.1.3 Suurballe 法 ··· 83
5.2 共有リスクリンク群を考慮した独立経路探索問題 ··························· 85
   5.2.1 整数線形計画問題 ·· 85
   5.2.2 共有リスクリンク群重み付け独立経路探索法 ······················· 92
5.3 光パスネットワークにおける波長割当て問題 ······························· 95

5.3.1	光パスネットワーク	95
5.3.2	波長割当て問題	96
5.3.3	グラフ彩色化問題	98
5.3.4	整数線形計画問題	99
5.3.5	高ノード次数優先法	101

章末問題 103

6. トラヒック需要モデルと経路選択問題

6.1	パイプモデル	104
6.2	ホースモデル	106
6.3	HSDT モデル	112
6.4	HLT モデル	117

7. IP ネットワークにおける経路選択問題

7.1	ルーチングプロトコル		122
7.2	リンクの重みと経路選択		124
	7.2.1	混合整数計画問題	126
	7.2.2	タブー探索法	128
7.3	ネットワーク故障を考慮した予防的リンク重み決定法		132
	7.3.1	リンク重み決定方式	132
	7.3.2	PSO のモデル	133
	7.3.3	PSO-L	134
	7.3.4	PSO-W	138

付　録 …… 144
A.1　式 (6.7a)〜(6.7c) の導出 …… 144
A.2　式 (6.12a)〜(6.12c) の導出 …… 145
A.3　式 (6.16a)〜(6.16d) の導出 …… 147

引用・参考文献 …… 149
章末問題解答 …… 153
索　引 …… 161

1 通信ネットワークと数理計画問題

　通信ネットワークは，ノードとリンクから構成される。図 **1.1** に通信ネットワークモデルの一例を示す。ノード 1 からノード 6 まで 6 個のノードがあり，ノード間に矢印が描かれている。例えば，ノード 1 からノード 2 に向かって接続されている矢印を，ノード 1 からノード 2 に向かうリンクと呼ぶ。その矢印の方向に，通信するもの（トラヒックと呼ぶ）がリンク上に流れることが許される。図 1.1 のように，矢印のあるリンクで表記されたネットワークを有向グラフと呼ぶ。リンクごとに付与されている数字は，距離を示す。なお，リンクに矢印がない場合は，リンク上でどちらの方向にもトラヒックを流すことができることを意味する。リンクの方向を考慮しないネットワークを無向グラフと呼ぶ。

　本章では，最短経路問題をはじめとする通信ネットワークに関する数理計画問題を紹介する。

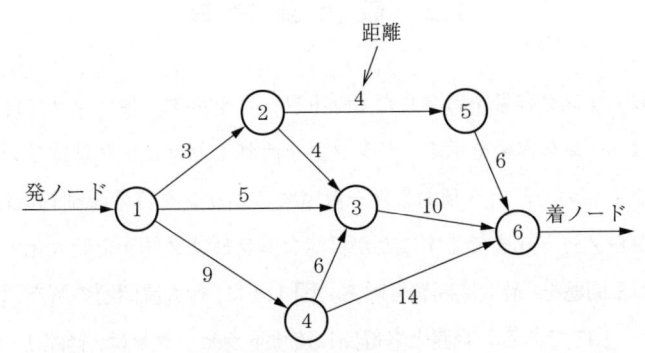

図 **1.1**　リンクの距離を考慮した通信ネットワークモデルの一例

1.1 最短経路問題

図 1.1 のネットワークにおいて，ノード 1 からノード 6 まで，トラヒックを流すための最短経路を求めることを考える。ノード 1 を発ノード，ノード 6 を着ノードと呼ぶ。ネットワークとリンクごとの距離が与えられて，発ノードから着ノードまでの最短経路を求める問題を，最短経路問題と呼ぶ。最短経路問題を解いた結果，解である最短経路を図 **1.2** に示す。最短経路は $1 \to 2 \to 5 \to 6$ であり，経路長は $3 + 4 + 6 = 13$ である。

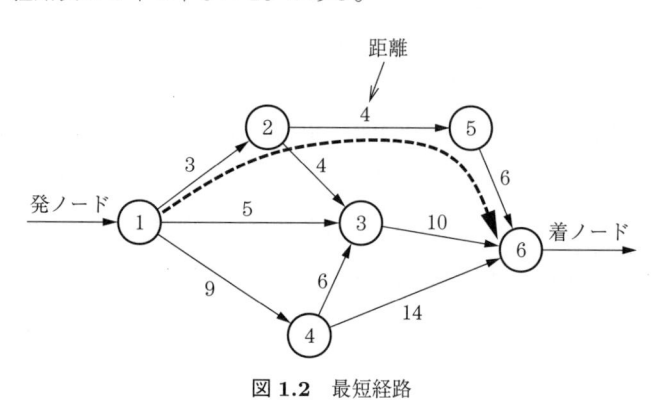

図 **1.2** 最短経路

1.2 最大流問題

図 **1.3** に，リンク容量を考慮したネットワークを示す。各リンクに付与されている数字は，リンク容量を示す。リンク上を流れるトラヒック量はリンク容量を超えてはならない，という制約条件を考慮する。リンク容量の制約条件の下で，ノード 1 からノード 6 まで流すことが可能なトラヒック量 v を最大化する経路と流量を求める問題を，最大流問題と呼ぶ。図 **1.4** に，最大流問題の解を示す。最大流量は，$v = 195$ である。経路と各経路に流すトラヒック量は，経路 1 $(1 \to 2 \to 5 \to 6)$ にトラヒック量 $v_1 = 15$，経路 2 $(1 \to 2 \to 3 \to 6)$ にトラヒック量

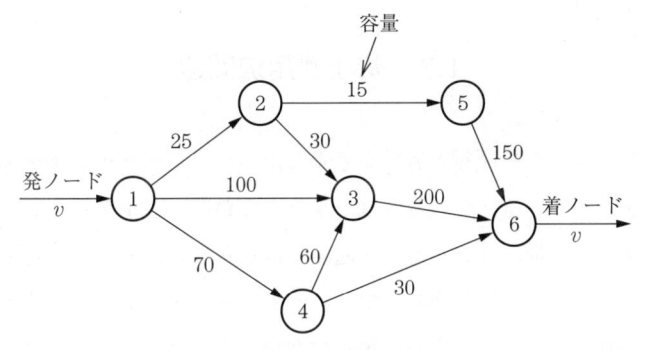

図 1.3　リンクの容量を考慮したネットワーク

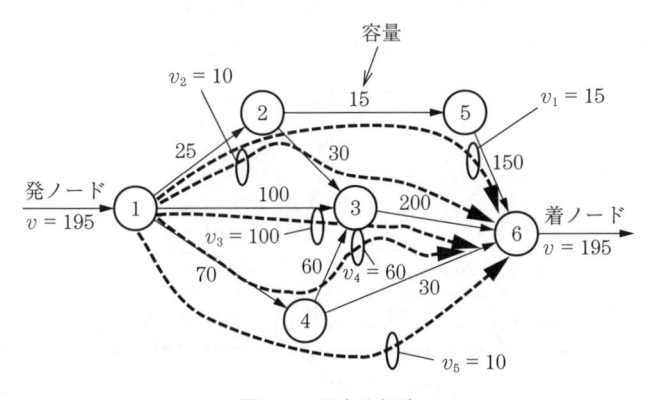

図 1.4　最大流経路

$v_2 = 10$, 経路 $3(1 \to 3 \to 6)$ にトラヒック量 $v_3 = 100$, 経路 $4(1 \to 4 \to 3 \to 6)$ にトラヒック量 $v_4 = 60$, 経路 5 $(1 \to 4 \to 6)$ にトラヒック量 $v_5 = 10$ である。ここで, $v = v_1 + v_2 + v_3 + v_4 + v_5 = 15 + 10 + 100 + 60 + 10 = 195$ である。図 1.4 において, 各リンク上を流れるトラヒック量を調べると, リンク容量を超えていないことがわかる。例えば, リンク $(1,2)$ (ノード 1 からノード 2 のリンク) では, リンク上を流れるトラヒック量は, $v_1 + v_2 = 25 \leq 25$ (リンク $(1,2)$ の容量) である。また, リンク $(3,6)$ では, リンク上を流れるトラヒック量は, $v_2 + v_3 + v_4 = 10 + 100 + 60 = 170 \leq 200$ (リンク $(3,6)$ の容量) である。

1.3 最小費用流問題

図 1.5 に，リンクの距離と容量を考慮したネットワークモデルを示す．各リンクに付与されている二つの数字は，リンクの距離と容量を示す．リンク上を流れるトラヒック量はリンク容量を超えてはならない，という制約条件を考慮する．リンク容量の制約条件の下で，ノード 1 からノード 6 まで流すトラヒック量 $v = 180$ が与えられたとき，最小の費用でトラヒックを流す経路と流量を求める問題を，最小費用流問題と呼ぶ．最小費用流問題では，各リンクで要する費用は，(リンクの距離 × 当該リンク上を通過するトラヒック量) で定義され，すべてのリンクで要する費用の合計が最小となるように経路と流量を求める．

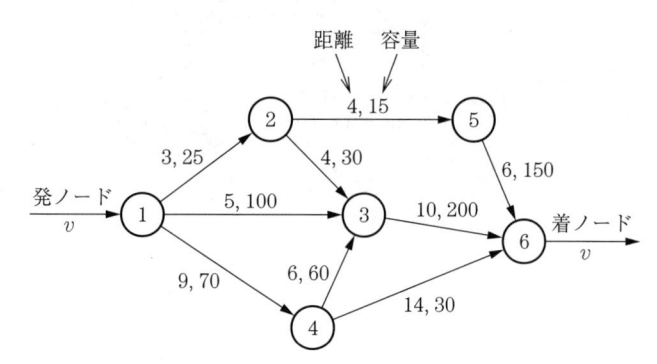

図 1.5 リンクの距離と容量を考慮したネットワーク

図 1.6 に，最小費用流問題の解を示す．経路と各経路に流すトラヒック量は，経路 1 ($1 \to 2 \to 5 \to 6$) にトラヒック量 $v_1 = 15$，経路 2 ($1 \to 2 \to 3 \to 6$) にトラヒック量 $v_2 = 10$，経路 3 ($1 \to 3 \to 6$) にトラヒック量 $v_3 = 100$，経路 4 ($1 \to 4 \to 3 \to 6$) にトラヒック量 $v_4 = 25$，および経路 5 ($1 \to 4 \to 6$) にトラヒック量 $v_5 = 30$ である．ここで，$v = v_1 + v_2 + v_3 + v_4 + v_5 = 15 + 10 + 100 + 25 + 30 = 180$ である．最小費用は，3 180 である．図 1.6 に

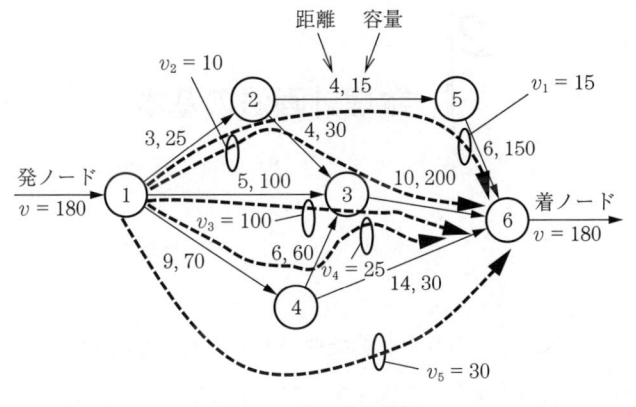

図 1.6 最小費用経路

おいて，各リンク上を流れるトラヒック量を調べると，リンク容量を超えていないことがわかる．

2 数理計画法の基本

最適化問題とは，与えられた制約条件の下で，実行可能なすべての解の中から，目的関数を最小化または最大化する解（最適解という）を求めることである．最小化の例では，地点 A から地点 B に移動するとき，最も移動時間が短い経路を求める，という最適化問題がある．最大化の例では，生産工場において，倉庫にある材料を用いて，利益が最大となるように製品を生産する，という最適化問題がある．数理計画法は，数学的手法に基づき，数理モデルで表された最適化問題に対して最適解を求める方法である．

本章では，数理計画法の基本である線形計画法 (linear programming) について，具体的な例を挙げながら説明する．

2.1 最適化問題

地点 A にいるビジネスマンが，地点 B での会議に出席するために，移動手段として，飛行機，または列車を用いて，以下の条件で最も安く地点 A から地点 B に移動する手段を考える．

- 条件 1：片道の運賃は，150 ドルを超えてはならない．
- 条件 2：地点 B に午前 11:10 までに到着する．
- 条件 3：地点 A を午前 8:00 以降に出発する．

ビジネスマンは，表 2.1 に示す飛行機と列車の時刻表を調べる．8 通りの選択肢があり，その中から，条件を満足する最も安い移動手段を選択する．すべての選択肢は運賃が 150 ドル以下であるので，条件 1 を満足している．条件 2

表 2.1　移動手段の時刻表

選択肢	移動手段	出発時刻	到着時刻	運賃〔ドル〕
1	飛行機	午前 7:25	午前 8:40	134.70
2	飛行機	午前 9:50	午前 11:05	136.70
3	飛行機	午前 10:45	正午 12:00	136.70
4	列車	午前 7:56	午前 10:36	138.50
5	列車	午前 8:03	午前 11:03	135.50
6	列車	午前 8:20	午前 10:56	138.50
7	列車	午前 8:30	午前 11:06	138.50
8	列車	午前 8:33	午前 11:30	135.50

では，地点 B に午前 11:10 までに到着しなければならないので，選択肢 3 と選択肢 8 は除外される．条件 3 では，地点 A を午前 8:00 以降に出発しなければならないので，選択肢 1 と選択肢 4 は除外される．条件を絞り込んだ結果，ビジネスマンは，選択肢 2, 5, 6, および 7 の中から，最も安い移動手段を選ぶことになる．その結果，ビジネスマンは選択肢 5 を選び，運賃 135.50 ドルの列車で地点 A を午前 8:03 に出発し，地点 B に午前 11:03 に到着する．

最適化問題は，決定変数，目的関数，および制約条件の三つの要素から構成される．上記のビジネスマンの移動手段を決定する問題の場合，決定変数は選択肢（移動手段，出発時刻，到着時刻，運賃）である．目的関数は，運賃である．制約条件は，条件 1 〜 3 である．一般に，それぞれの要素は数学的に記述することができる．

- 決定変数：最適化問題で，制御可能な変数．決定変数が n 個ある場合，決定変数を $x_1, x_2, \cdots, x_n$ と表すことにする．
- 目的関数：最大化または最小化したい関数．目的関数は決定変数の関数であり，$f(x_1, x_2, \cdots, x_n)$ と表すことにする．

$$\max_{x_1, x_2, \cdots, x_n} f(x_1, x_2, \cdots, x_n) \tag{2.1}$$

または

$$\min_{x_1, x_2, \cdots, x_n} f(x_1, x_2, \cdots, x_n) \tag{2.2}$$

- 制約条件：決定変数のとり得る範囲条件が与えられる．

2. 数理計画法の基本

$$\left.\begin{array}{l} S_1(x_1, x_2, \cdots, x_n) \leqq 0 \\ S_2(x_1, x_2, \cdots, x_n) \leqq 0 \\ S_3(x_1, x_2, \cdots, x_n) \leqq 0 \\ \quad \vdots \end{array}\right\} \quad (2.3)$$

2.2 線形計画問題

線形計画問題 (linear programming problem) は，目的関数が線形関数であり，かつ，すべての制約条件が線形関数の等式または不等式で表される最適化問題である。線形計画問題を解く手法を線形計画法と呼ぶ。線形関数とは，以下のような，決定変数の 1 次の項と定数の和で表現できる関数である。

$$f(x_1, x_2, \cdots) = a_1 x_1 + a_2 x_2 + \cdots + a_0 \quad (2.4)$$

ただし，$a_1, a_2, \cdots, a_0$ は，定数である。

図 **2.1** は，線形計画問題のイメージを示している。図 (a) は二つの決定変数の線形計画問題であり，目的関数，および制約条件の境界は，直線となる。図 (b) は三つの決定変数の線形計画問題であり，目的関数および制約条件の境界は平

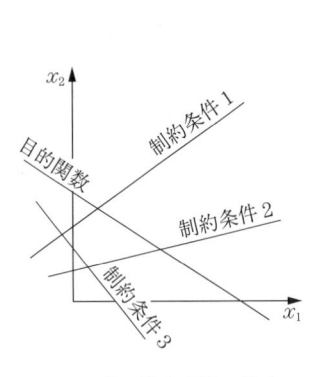

(a) 2 個の決定変数の場合 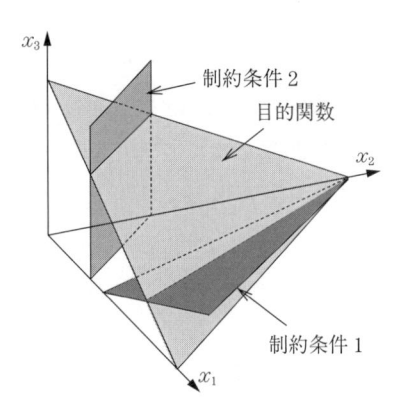　　(b) 3 個の決定変数の場合

図 **2.1** 線形計画問題

面となる．図 **2.2** は，線形計画問題でない例（非線形計画問題という）を示している．目的関数，および制約条件 2 と制約条件 3 の境界は直線であるが，制約条件 1 の境界が直線でない．この場合は，線形計画問題とならない．

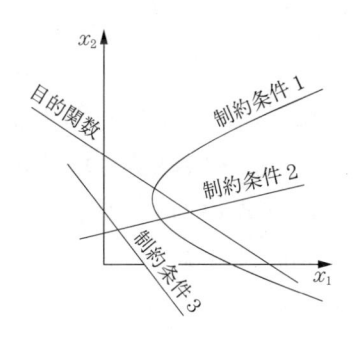

図 2.2 線形計画問題でない例

以下の式 (2.5 a)〜(2.5 f) は，目的関数，およびすべての制約条件が，決定変数 x_1 と x_2 に関して線形の式で表されているため，線形計画問題である．

$$\text{目的関数} \quad \max \quad x_1 + x_2 \tag{2.5 a}$$

$$\text{制約条件} \quad 5x_1 + 3x_2 \leqq 15 \tag{2.5 b}$$

$$x_1 - x_2 \leqq 2 \tag{2.5 c}$$

$$x_2 \leqq 3 \tag{2.5 d}$$

$$x_1 \geqq 0 \tag{2.5 e}$$

$$x_2 \geqq 0 \tag{2.5 f}$$

目的関数を最大化する線形計画問題は，次式で表される．

$$\text{目的関数} \quad \max \quad c_1 x_1 + c_2 x_2 + \cdots + c_n x_n \tag{2.6 a}$$

$$\text{制約条件} \quad a_{11} x_1 + a_{12} x_2 + \cdots + a_{1n} x_n \leqq b_1 \tag{2.6 b}$$

$$a_{21} x_1 + a_{22} x_2 + \cdots + a_{2n} x_n \leqq b_2 \tag{2.6 c}$$

$$\vdots$$

$$a_{m1} x_1 + a_{m2} x_2 + \cdots + a_{mn} x_n \leqq b_m \tag{2.6 d}$$

$$x_1 \geqq 0 \tag{2.6e}$$

$$x_2 \geqq 0 \tag{2.6f}$$

$$\vdots$$

$$x_n \geqq 0 \tag{2.6g}$$

式 (2.6e)～(2.6g) は，決定変数の範囲を規定するものである．これらは線形計画問題として必須の条件ではないが，式 (2.6e)～(2.6g) を満たす変数を用いることによって線形計画問題を扱いやすくなる．式 (2.6a)～(2.6g) は，線形計画問題の最大化問題の正準形（canonical form）と呼ばれる．

式 (2.6a)～(2.6g) を行列で表現すると，つぎのようになる（上付きの T は転置を表す）．

$$\text{目的関数} \quad \max \quad \boldsymbol{c}^T \boldsymbol{x} \tag{2.7a}$$

$$\text{制約条件} \quad \boldsymbol{A}\boldsymbol{x} \leqq \boldsymbol{b} \tag{2.7b}$$

$$\boldsymbol{x} \geqq \boldsymbol{0} \tag{2.7c}$$

ただし

$$\boldsymbol{x}^T = [x_1, \cdots, x_n] \tag{2.8a}$$

$$\boldsymbol{b}^T = [b_1, \cdots, b_m] \tag{2.8b}$$

$$\boldsymbol{c}^T = [c_1, \cdots, c_n] \tag{2.8c}$$

$$\boldsymbol{A} = \begin{bmatrix} a_{11} & a_{12} & \cdots & a_{1n} \\ a_{21} & a_{22} & \cdots & a_{2n} \\ \vdots & \vdots & \ddots & \vdots \\ a_{m1} & a_{m2} & \cdots & a_{mn} \end{bmatrix} \tag{2.8d}$$

である．

式 (2.5a)～(2.5f) は，目的関数を最大化する線形計画問題であるが，目的関数を最小化する線形計画問題として表すこともできる．$x_1 + x_2$ を最大化することは，$-x_1 - x_2$ を最小化することである．また，式 (2.5b)～(2.5d) の不等

式に (-1) を乗じると,次式の線形計画問題に変換される。

$$
\begin{align}
&\text{目的関数} \quad \min \quad -x_1 - x_2 &\text{(2.9\,a)}\\
&\text{制約条件} \quad -5x_1 - 3x_2 \geq -15 &\text{(2.9\,b)}\\
&\qquad\qquad\quad -x_1 + x_2 \geq -2 &\text{(2.9\,c)}\\
&\qquad\qquad\quad -x_2 \geq -3 &\text{(2.9\,d)}\\
&\qquad\qquad\quad x_1 \geq 0 &\text{(2.9\,e)}\\
&\qquad\qquad\quad x_2 \geq 0 &\text{(2.9\,f)}
\end{align}
$$

目的関数を最小化する線形計画問題は,次式で表される。

$$
\begin{align}
&\text{目的関数} \quad \min \quad c_1 x_1 + c_2 x_2 + \cdots + c_n x_n &\text{(2.10\,a)}\\
&\text{制約条件} \quad a_{11} x_1 + a_{12} x_2 + \cdots + a_{1n} x_n \geq b_1 &\text{(2.10\,b)}\\
&\qquad\qquad\quad a_{21} x_1 + a_{22} x_2 + \cdots + a_{2n} x_n \geq b_2 &\text{(2.10\,c)}\\
&\qquad\qquad\quad \vdots \\
&\qquad\qquad\quad a_{m1} x_1 + a_{m2} x_2 + \cdots + a_{mn} x_n \geq b_m &\text{(2.10\,d)}\\
&\qquad\qquad\quad x_1 \geq 0 &\text{(2.10\,e)}\\
&\qquad\qquad\quad x_2 \geq 0 &\text{(2.10\,f)}\\
&\qquad\qquad\quad \vdots \\
&\qquad\qquad\quad x_n \geq 0 &\text{(2.10\,g)}
\end{align}
$$

式 (2.10 a)〜(2.10 g) は,線形計画問題の最小化問題の正準形と呼ばれる。

式 (2.10 a)〜(2.10 g) を行列で表現すると,つぎのようになる。

$$
\begin{align}
&\text{目的関数} \quad \min \quad \boldsymbol{c}^T \boldsymbol{x} &\text{(2.11\,a)}\\
&\text{制約条件} \quad \boldsymbol{A}\boldsymbol{x} \geq \boldsymbol{b} &\text{(2.11\,b)}\\
&\qquad\qquad\quad \boldsymbol{x} \geq 0 &\text{(2.11\,c)}
\end{align}
$$

ただし

$$\boldsymbol{x}^T = [x_1, \cdots, x_n] \tag{2.12a}$$

$$\boldsymbol{b}^T = [b_1, \cdots, b_m] \tag{2.12b}$$

$$\boldsymbol{c}^T = [c_1, \cdots, c_n] \tag{2.12c}$$

$$\boldsymbol{A} = \begin{bmatrix} a_{11} & a_{12} & \cdots & a_{1n} \\ a_{21} & a_{22} & \cdots & a_{2n} \\ \vdots & \vdots & \ddots & \vdots \\ a_{m1} & a_{m2} & \cdots & a_{mn} \end{bmatrix} \tag{2.12d}$$

である。

式 (2.5a)〜(2.5f) の線形計画問題を再び考える。式 (2.5b) の制約条件 $5x_1 + 3x_2 \leqq 15$ は，$y_1 \geqq 0$ を導入して $5x_1 + 3x_2 + y_1 = 15$ と置き換えることができる。式 (2.5c) の制約条件 $x_1 - x_2 \leqq 2$ は，$y_2 \geqq 0$ を導入して $x_1 - x_2 + y_2 = 2$ と置き換えることができる。式 (2.5d) の制約条件 $x_2 \leqq 3$，は，$y_3 \geqq 0$ を導入して $x_2 + y_3 = 3$ と置き換えることができる。したがって，式 (2.5a)〜(2.5f) の線形計画問題は，つぎのように制約式をすべて等式で表現することができる。

$$\text{目的関数} \quad \max \quad x_1 + x_2 \tag{2.13a}$$

$$\text{制約条件} \quad 5x_1 + 3x_2 + y_1 = 15 \tag{2.13b}$$

$$x_1 - x_2 + y_2 = 2 \tag{2.13c}$$

$$x_2 + y_3 = 3 \tag{2.13d}$$

$$x_1 \geqq 0 \tag{2.13e}$$

$$x_2 \geqq 0 \tag{2.13f}$$

$$y_1 \geqq 0 \tag{2.13g}$$

$$y_2 \geqq 0 \tag{2.13h}$$

$$y_3 \geqq 0 \tag{2.13i}$$

y_1, y_2, y_3 は，不等式の限界までの余裕を表すことから余裕変数 (slack variable)

と呼ばれる。

　一般に線形計画問題においては，余裕変数を用いて，つぎのように制約条件を等式で表すことができる。

$$\text{目的関数} \quad \max \text{ or } \min \quad c_1 x_1 + c_2 x_2 + \cdots + c_n x_n \tag{2.14a}$$

$$\text{制約条件} \quad a_{11} x_1 + a_{12} x_2 + \cdots + a_{1n} x_n = b_1 \tag{2.14b}$$

$$a_{21} x_1 + a_{22} x_2 + \cdots + a_{2n} x_n = b_2 \tag{2.14c}$$

$$\vdots$$

$$a_{m1} x_1 + a_{m2} x_2 + \cdots + a_{mn} x_n = b_m \tag{2.14d}$$

$$x_1 \geqq 0 \tag{2.14e}$$

$$x_2 \geqq 0 \tag{2.14f}$$

$$\vdots \tag{2.14g}$$

$$x_n \geqq 0 \tag{2.14h}$$

式 (2.14 a)～(2.14 h) は，線形計画問題の標準形 (standard form) と呼ばれる。

　式 (2.14 a)～(2.14 h) を行列で表現すると，つぎのようになる。

$$\text{目的関数} \quad \max \text{ or } \min \quad \boldsymbol{c}^T \boldsymbol{x} \tag{2.15a}$$

$$\text{制約条件} \quad \boldsymbol{A}\boldsymbol{x} = \boldsymbol{b} \tag{2.15b}$$

$$\boldsymbol{x} \geqq 0 \tag{2.15c}$$

ただし

$$\boldsymbol{x}^T = [x_1, \cdots, x_n] \tag{2.16a}$$

$$\boldsymbol{b}^T = [b_1, \cdots, b_m] \tag{2.16b}$$

$$\boldsymbol{c}^T = [c_1, \cdots, c_n] \tag{2.16c}$$

$$A = \begin{bmatrix} a_{11} & a_{12} & \cdots & a_{1n} \\ a_{21} & a_{22} & \cdots & a_{2n} \\ \vdots & \vdots & \ddots & \vdots \\ a_{m1} & a_{m2} & \cdots & a_{mn} \end{bmatrix} \tag{2.16d}$$

図 **2.3** に，2 個の決定変数がある場合の例を用いて，線形計画問題における用語を示した．境界は，線形不等式または等式で表現された制約条件における上界または下界である．実行可能領域は，境界で囲まれた制約条件を満足する部分である．端点は，境界の交点である．

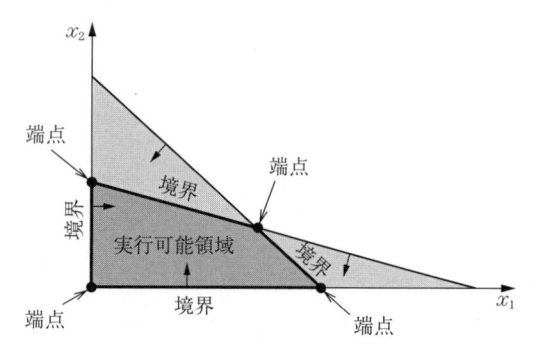

図 **2.3** 線形計画問題における用語の定義

例として，x と y を決定変数とし，つぎの線形計画問題を考える．

$$\text{目的関数} \quad \max \quad x + y \tag{2.17a}$$
$$\text{制約条件} \quad 5x + 3y \leq 15 \tag{2.17b}$$
$$x - y \leq 2 \tag{2.17c}$$
$$y \leq 3 \tag{2.17d}$$
$$x \geq 0 \tag{2.17e}$$
$$y \geq 0 \tag{2.17f}$$

図 **2.4** は，式 (2.17b)〜(2.17f) の制約条件の範囲を示している．制約条件で

2.2 線形計画問題

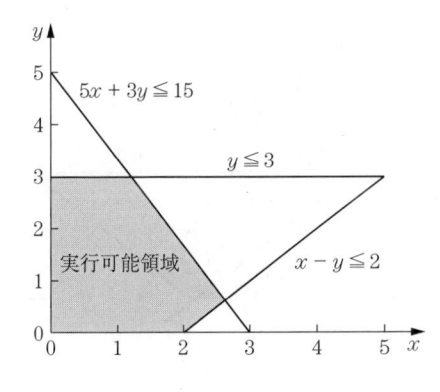

図 2.4 線形計画問題の制約条件

囲まれた領域は実行可能領域である。目的関数の値を z とし, $z = x+y$ を最大化することを考える。$z = x+y$ を最大化することは, 直線 $y = -x+z$ ($z = x+y$ を変形したもの) が実行可能領域を通るという条件の下で, $y = -x+z$ と y 軸との交点の y 座標の値 z を最大化するということである。直線 $y = -x+z$ を傾き -1 のまま平行移動するとき, z が変化する。直線 $y = -x+z$ を上に平行移動すると z が大きくなり, 下に平行移動すると z が小さくなる。この考え方で, 図 **2.5** に示すように直線 $y = -x+z$ を傾き -1 のまま平行移動し, 実行可能領域を通る最大の z を見つける。

図 2.5(a) に示すように, $y = -x+0$ から始める。実行可能領域内で, y 軸の正の向きに直線を平行移動していくと, $y = -x+2$ は端点 $(2,0)$ (図 (b)) を通り, $y = -x+3$ は端点 $(0,3)$ (図 (c)) を通っていく。図 (d) のように, $y = -x+21/5$ が端点 $(6/5,3)$ を通る場合, $y = -x+z$ の y 切片の値, つまり, 目的関数 $z = x+y$ が最大となる。このとき, 図 **2.6** に示すように, 目的関数の最大値 $z = 6/5+3 = 21/5$ を得る。

上記で紹介した方法は, 決定変数が 2 個の場合に適用でき, 視覚的に理解しやすい。変数が 2 個の場合は, 実行可能領域は平面 (2 次元空間), 目的関数は直線で表現される。決定変数が 3 個になると, 実行可能領域は 3 次元空間, 目的関数は平面で表現される。決定変数が n 個になると, 実行可能領域は n 次元の多面集合, 目的関数は n 次元の超平面で表現される。

16   2. 数理計画法の基本

(a) $x + y = 0$

(b) $x + y = 2$

(c) $x + y = 3$

(d) $x + y = \dfrac{21}{5}$

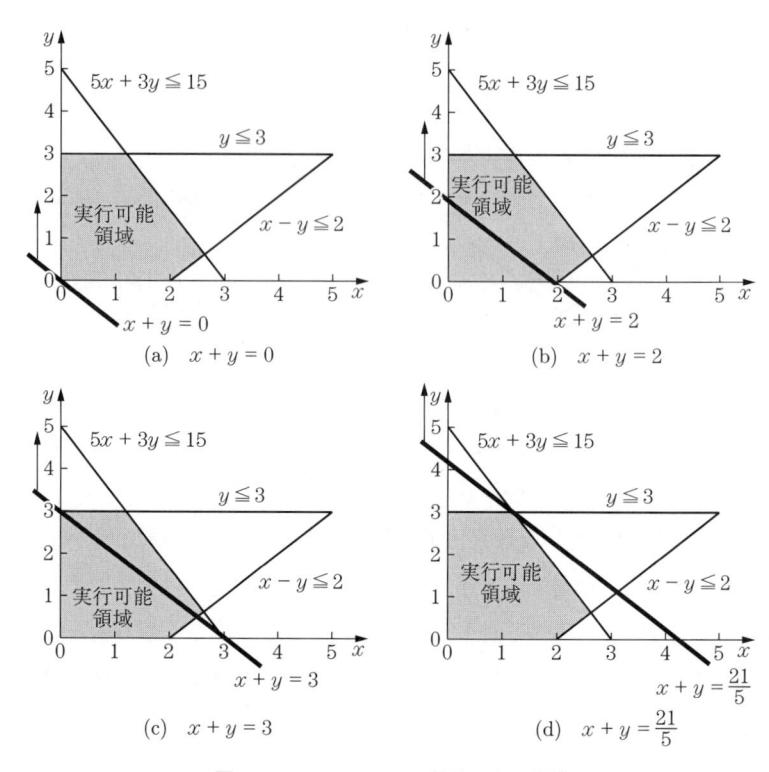

図 2.5　$y = -x + z$ の移動による解法

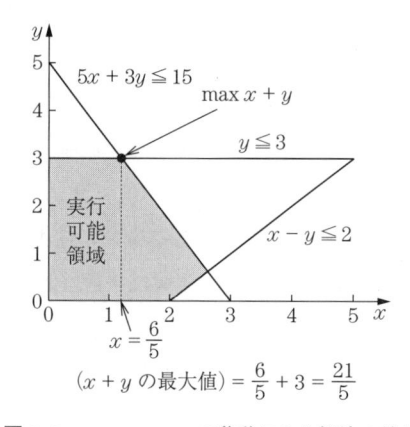

$x = \dfrac{6}{5}$

($x + y$ の最大値) $= \dfrac{6}{5} + 3 = \dfrac{21}{5}$

図 2.6　$y = -x + z$ の移動による解法の結果

一般的に最適解を求める方法を考える。線形計画問題では，最適解が存在して，制約条件により構成される実行可能領域で少なくとも一つの端点が存在するならば，実行可能領域の端点の中に最適解が存在する，という定理が成り立つ。したがって，最適解を求めるには，すべての端点における目的関数の値を計算して，最大値を与える端点を求めればよい。

図 2.7 は，実行可能領域の端点を示している。実行可能領域には，5 個の端点 $(0,0)$, $(0,3)$, $(6/5, 3)$, $(21/8, 5/8)$, および $(2,0)$ が存在する。表 2.2 は，端点における $x+y$ の値を示している。端点 $(6/5, 3)$ のとき $x+y = 21/5 (=4.2)$ となり，最も $x+y$ の値が大きい。このように，すべての端点における目的関数の値を計算する方法においても，最適解を求めることができる。

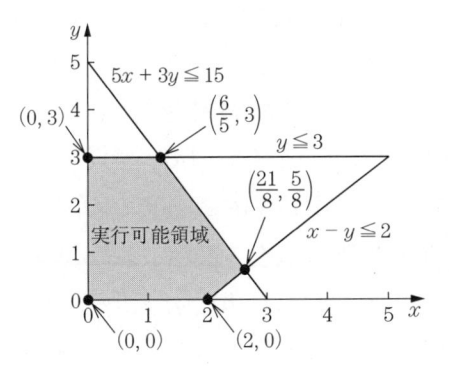

図 2.7 実行可能領域の端点

表 2.2 端点における $x+y$ の値

端点 (x,y)	$x+y$
$(0,0)$	0
$(0,3)$	3
$\left(\dfrac{6}{5}, 3\right)$	$\dfrac{21}{5}(=4.2)$
$\left(\dfrac{21}{8}, \dfrac{5}{8}\right)$	$\dfrac{13}{4}(=3.25)$
$(2,0)$	2

2.3 シンプレックス法

決定変数が多くなっていくと，すべての端点を見つけてそれぞれの端点に対する目的関数を求めなければならず，計算量が増加して計算が困難になっていく。本節では，より効率的に最適解を発見する方法として，Dantzig によるシンプレックス法（simplex method）を取り上げ，その考え方を紹介する。

2. 数理計画法の基本

シンプレックス法は，実行可能領域の端点の中に最適解が存在することを利用する．シンプレックス法の考え方は，つぎのとおりである．ある端点からスタートして，目的関数の値を改善しながら実行可能領域の境界に沿った経路をたどっていく．その際に，最大化の場合には目的関数の値が減少しない経路（最小化の場合には目的関数の値が増加しない経路）をたどっていく．最適解の探索において，実行可能領域の境界で，もうこれ以上，目的関数の値を改善する経路が見つからなければ，その位置（端点）が最適解となる．

図 2.7 の例では，$(0,0) \leftrightarrow (0,3), (0,3) \leftrightarrow (6/5,3), (6/5,3) \leftrightarrow (21/8,5/8)$, $(21/8,5/8) \leftrightarrow (2,0)$，および $(2,0) \leftrightarrow (0,0)$ の境界が存在する．まず，端点 $(0,0)$ から最適解の探索を始める．二つの経路，$(0,0) \rightarrow (0,3)$ と $(0,0) \rightarrow (2,0)$ が存在する．スタートする端点 $(0,0)$ の目的関数の値は 0 である．端点 $(0,3)$ と端点 $(2,0)$ の値は，それぞれ，3 と 2 である．したがって，どちらの経路をたどっても目的関数を改善しているので，どちらの経路を選んでもよい．ここでは図 **2.8** のように，まず，端点 $(0,3)$ に向かう経路を選び，端点 $(0,3)$ まで進む．つぎの経路として端点 $(6/5,3)$ までの経路が存在し，その目的関数の値は 4.2 である．目的関数の値は改善されているため，さらに，端点 $(0,3)$ から $(6/5,3)$ まで移動する．つぎの経路として，端点 $(21/8,5/3)$ までの経路が存在し，その目的関数の値は 3.25 である．端点 $(6/5,3)$ から，さらに実行可能解の

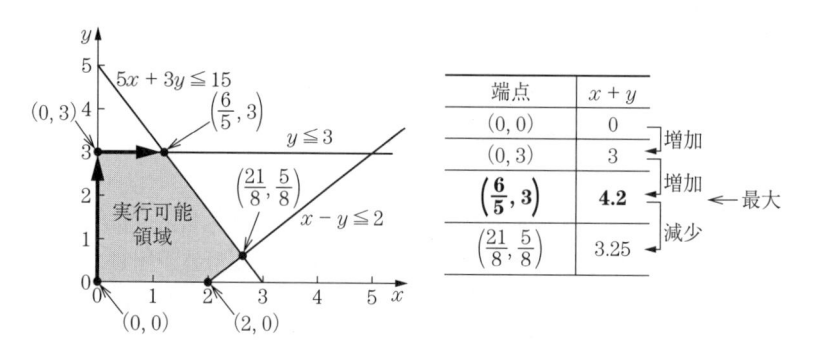

図 **2.8** シンプレックス法による解法例（境界の経路 $(0,0) \rightarrow (0,3) \rightarrow (6/5,3)$ の探索）

境界に沿って移動すると，目的関数の値が減少してしまう．したがって，端点 $(6/5, 3)$ が最適値 4.2 を与えることになる．

図 2.8 では，端点 $(0,0)$ から端点 $(0,3)$ に向かう経路を選んだ．**図 2.9** のように別の経路を考え，端点 $(0,0)$ から端点 $(2,0)$ を選んでも最適解にたどりつく．端点 $(2,0)$ における目的関数の値は 2 である．つぎの経路として，端点 $(21/5, 5/8)$ までの経路が存在し，その目的関数の値は 3.25 である．目的関数の値は改善されているため，さらに，端点 $(21/5, 5/8)$ から $(6/5, 3)$ まで移動する．$(6/5, 3)$ における目的関数の値は 4.2 である．つぎの経路として，端点 $(0,2)$ までの経路が存在し，その目的関数の値は 2 である．端点 $(6/5, 3)$ から，さらに実行可能解の境界に沿って移動すると，目的関数の値が減少してしまう．したがって，端点 $(6/5, 3)$ が最適値 4.2 を与えることになる．これは図 2.8 の経路により探索した最適値と同じであることが確かめられた．

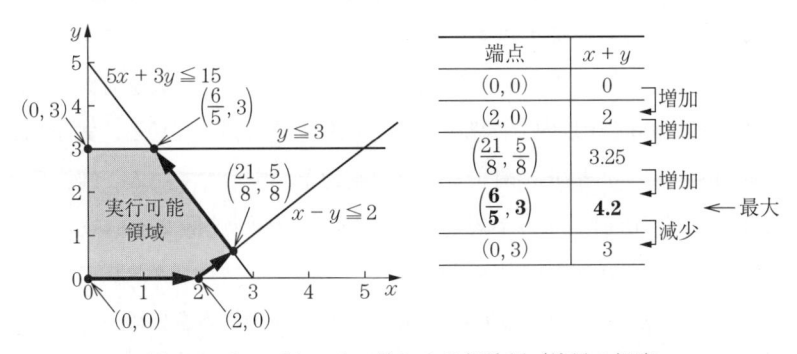

端点	$x+y$	
$(0,0)$	0	増加
$(2,0)$	2	増加
$\left(\dfrac{21}{8}, \dfrac{5}{8}\right)$	3.25	増加
$\left(\dfrac{6}{5}, 3\right)$	**4.2**	← 最大
$(0,3)$	3	減少

図 2.9 シンプレックス法による解法例（境界の経路 $(0,0) \to (2,0) \to (21/8, 5/8) \to (6/5, 3)$ の探索）

別の例として，つぎの線形計画問題を考える．小さな工場で，一つの機械を使用して，原料の小麦粉からパンと麺を製造する．パンと麺を製造するにあたって，1 日当りの利益を最大にすることを目的として，パンと麺の製造に必要な小麦粉の量を決定する．原料の小麦粉 1 kg を使用した場合のパンと麺の利益は，それぞれ 5 ドル，3 ドルになる．1 日当り，80 kg の小麦粉を使用できる．機械は，ある時間においては，パンと麺のどちらかを製造する（同時にパンと麺を

製造できない)。製造時間は，1日当り，20時間以内である。パンと麺の製造に要する時間は，原料の小麦粉 1 kg 当り，それぞれ 30 分，10 分である。

決定変数として，パンを製造するのに必要な小麦粉の量を x [kg]，および，麺を製造するのに必要な小麦粉の量を y [kg] とする。上記の問題は，つぎの線形計画問題として定式化される。

目的関数　max　$5x + 3y$　　　　　　　　　　　　　　　(2.18 a)

制約条件　$x + y \leqq 80$　　　　　　　　　　　　　　　(2.18 b)

　　　　　$30x + 10y \leqq 1\,200$　　　　　　　　　　　(2.18 c)

　　　　　$x \geqq 0$　　　　　　　　　　　　　　　　　(2.18 d)

　　　　　$y \geqq 0$　　　　　　　　　　　　　　　　　(2.18 e)

式 (2.18 a) は，原料の小麦粉 1 kg を使用した場合のパンと麺の利益である目的関数を表し，これを最大化する。式 (2.18 b) は，1 日に使用できる小麦粉の量の制約条件を示している。式 (2.18 c) は，「パンと麺の製造時間の合計は 20 時間 ($= 1\,200$ 分) 以内である」という制約条件を示している。式 (2.18 d) と式 (2.18 e) は，x と y に関する非負の制約条件を示している。制約条件の式 (2.18 b)〜(2.18 e) によって規定される実行可能領域を図 **2.10** に示す。

式 (2.18 a)〜(2.18 e) の線形計画問題に対するシンプレックス法による解法例を図 **2.11** に示す。まず，端点 $(0, 0)$ から最適解の探索を始める。二つの経

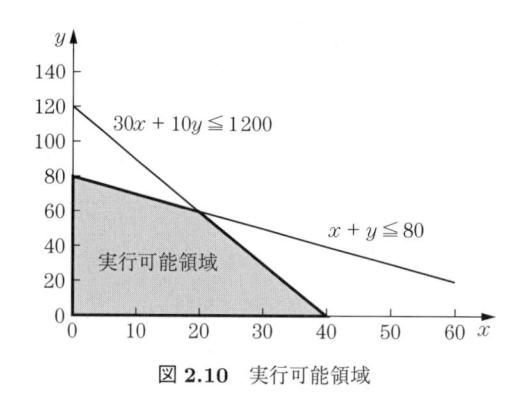

図 **2.10**　実行可能領域

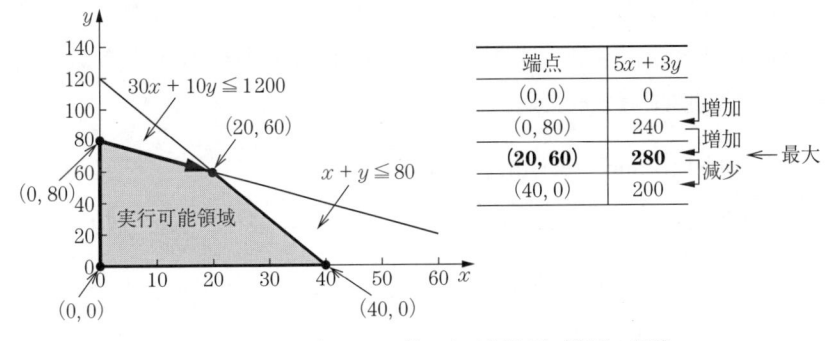

図 2.11 シンプレックス法による解法例（境界の経路 $(0,0) \to (0,80) \to (20,60)$ の探索）

路，$(0,0) \to (0,80)$ と $(0,0) \to (40,0)$ が存在する．スタートする端点 $(0,0)$ の目的関数の値は 0 である．端点 $(0,80)$ と端点 $(40,0)$ の値は，それぞれ 240 と 200 である．したがって，両経路ともに目的関数を改善しているので，どちらの経路を選んでもよい．ここでは，端点 $(0,80)$ に向かう経路を選び，まず端点 $(0,80)$ まで進む．つぎの経路として端点 $(20,60)$ までの経路が存在し，その目的関数の値は 280 である．目的関数の値は改善されているため，さらに，端点 $(0,80)$ から $(20,60)$ まで移動する．つぎの経路として，端点 $(40,0)$ までの経路が存在し，その目的関数の値は 200 である．端点 $(20,60)$ からさらに実行可能解の境界に沿って移動すると，目的関数の値が減少してしまう．したがって，端点 $(20,60)$ が最適値 280 を与えることになる．

これまでの線形計画問題の例では，決定変数が 2 個なので 2 次元空間の実行可能領域を考えていた．一般に，n 個の決定変数がある場合は，n 次元の実行可能領域を扱う．

2.4 双 対 問 題

式 $(2.18\,\mathrm{a})\sim(2.18\,\mathrm{e})$ の線形計画問題に対する双対問題について述べる．式 $(2.18\,\mathrm{a})\sim(2.18\,\mathrm{e})$ では，$x,\ y$ と決定変数を定義したが，双対問題を述べ

る便宜上，決定変数を x_1, x_2 とする．つまり，x_1 [kg]はパンを製造するのに必要な小麦粉の量，x_2 [kg]は麺を製造するのに必要な小麦粉の量である．つぎの線形計画問題を考える．

$$\text{目的関数} \quad \max \quad z = 5x_1 + 3x_2 \tag{2.19a}$$

$$\text{制約条件} \quad x_1 + x_2 \leqq 80 \tag{2.19b}$$

$$30x_1 + 10x_2 \leqq 1\,200 \tag{2.19c}$$

$$x_1 \geqq 0 \tag{2.19d}$$

$$x_2 \geqq 0 \tag{2.19e}$$

この問題の最適解は，$(x_1, x_2) = (20, 60)$ のときの $z = 280$ である．

非負の変数 $y_1(\geqq 0)$ と $y_2(\geqq 0)$ を導入する．式 (2.19b) と式 (2.19c) の両辺を，それぞれ y_1 倍，y_2 倍すると

$$x_1 y_1 + x_2 y_1 \leqq 80 y_1 \tag{2.20}$$

$$30 x_1 y_2 + 10 x_2 y_2 \leqq 1\,200 y_2 \tag{2.21}$$

となる．式 (2.20) と式 (2.21) の両辺をそれぞれ加算し，x_1 と x_2 について整理すると

$$(y_1 + 30 y_2) x_1 + (y_1 + 10 y_2) x_2 \leqq 80 y_1 + 1\,200 y_2 \tag{2.22}$$

となる．つぎの条件を仮定する．

$$y_1 + 30 y_2 \geqq 5 \tag{2.23}$$

$$y_1 + 10 y_2 \geqq 3 \tag{2.24}$$

式 (2.22)〜(2.24) より

$$5x_1 + 3x_2 \leqq (y_1 + 30 y_2) x_1 + (y_1 + 10 y_2) x_2$$

$$\leqq 80 y_1 + 1\,200 y_2 \tag{2.25}$$

が成り立つ．式 (2.23) と式 (2.24) の仮定の下で，$5x_1 + 3x_2$ の上界は，$80 y_1 +$

$1\,200y_2$ となっている．上界 $80y_1 + 1\,200y_2$ を最も小さくするためには，つぎの線形計画問題を考えればよい．

目的関数 min	$w = 80y_1 + 1\,200y_2$	(2.26 a)
制約条件	$y_1 + 30y_2 \geq 5$	(2.26 b)
	$y_1 + 10y_2 \geq 3$	(2.26 c)
	$y_1 \geq 0$	(2.26 d)
	$y_2 \geq 0$	(2.26 e)

この問題の最適解は，$(y_1, y_2) = (2, 0.1)$ のときの $w = 280$ であり，式 (2.19 a)〜(2.19 e) の最適解 $z = 280$ と一致する．$w = z$ は，たまたま成り立っているわけではなく，つぎに述べる双対定理 (dual theorem) により，二つの線形計画問題の最適解が必ず一致することが保証されている．式 (2.19 a)〜(2.19 e) と式 (2.26 a)〜(2.26 e) は，双対になっている．一方を主問題 (primal problem) と呼び，もう一方を双対問題 (dual problem) と呼ぶ．y_1 と y_2 を双対変数 (dual variable) と呼ぶ．

　式 (2.26 a)〜(2.26 e) の線形計画問題の解釈を述べる．$y_1 (\geq 0)$ は，パンや麺の製造のための小麦粉 1 kg にかかる費用（価値）〔ドル/kg〕である．$y_2 (\geq 0)$ は，1 分当りに機械を使用する費用〔ドル/分〕である．目的関数 $w = 80y_1 + 1\,200y_2$ は，小麦粉と機械を使用する費用の合計であり，これを最小化したい．式 (2.26 b) は，小麦粉 1 kg を使用して，パンの製造に要する費用が，y_1〔ドル/kg〕+ 30〔分/kg〕×y_2〔ドル/分〕であり，これは，小麦粉 1 kg を使用し，パンを製造して得る利益 5 ドル/kg より下回らないことを示している．式 (2.26 c) は，小麦粉 1 kg を使用して，麺の製造に要する費用が，y_1〔ドル/kg〕+ 10〔分/kg〕×y_2〔ドル/分〕であり，小麦粉 1 kg を使用し，麺を製造して得る利益が 3 ドル/kg を下回らないことを示している．

　主問題と双対問題の関係は，一般に以下のように定義される．つぎの線形計画問題（式 (2.27 a)〜(2.27 c)（主問題））を考える．

$$\text{目的関数} \quad \max \quad \boldsymbol{c}^T \boldsymbol{x} \tag{2.27a}$$

$$\text{制約条件} \quad \boldsymbol{A}\boldsymbol{x} \leqq \boldsymbol{b} \tag{2.27b}$$

$$\boldsymbol{x} \geqq \boldsymbol{0} \tag{2.27c}$$

ただし

$$\boldsymbol{x}^T = [x_1, \cdots, x_n] \tag{2.28a}$$

$$\boldsymbol{b}^T = [b_1, \cdots, b_m] \tag{2.28b}$$

$$\boldsymbol{c}^T = [c_1, \cdots, c_n] \tag{2.28c}$$

$$\boldsymbol{A} = \begin{bmatrix} a_{11} & a_{12} & \cdots & a_{1n} \\ a_{21} & a_{22} & \cdots & a_{2n} \\ \vdots & \vdots & \ddots & \vdots \\ a_{m1} & a_{m2} & \cdots & a_{mn} \end{bmatrix} \tag{2.28d}$$

である。

$\boldsymbol{x}$ は決定変数である。$\boldsymbol{A}$, $\boldsymbol{b}$, $\boldsymbol{c}$ は，与えられるパラメータである。

式 (2.27a)〜(2.27c)（主問題）に対する双対問題は，次式で与えられる。

$$\text{目的関数} \quad \min \quad \boldsymbol{b}^T \boldsymbol{y} \tag{2.29a}$$

$$\text{制約条件} \quad \boldsymbol{A}^T \boldsymbol{y} \geqq \boldsymbol{c} \tag{2.29b}$$

$$\boldsymbol{y} \geqq \boldsymbol{0} \tag{2.29c}$$

ただし

$$\boldsymbol{y}^T = [y_1, \cdots, y_m] \tag{2.30}$$

である。双対問題において，$\boldsymbol{y}$ は決定変数である。$\boldsymbol{A}$, $\boldsymbol{b}$, $\boldsymbol{c}$ は，主問題と同様に，与えられるパラメータである。

双対定理 (duality theorem) は，主問題と双対問題のペアに対して，一方に最適解が存在するれば，他方にも最適解が存在することを保証する。さらに，主問題と双対問題の目的関数の値は等しくなることを保証する。

2.5 整数線形計画問題

決定変数が整数値に限定された線形計画問題を，整数線形計画問題（integer linear programming problem）と呼ぶ．これまで提示した線形計画問題の例では，決定変数が非負の実数であった．しかし，決定変数が人数や個数のように整数値のみをとる場合は，これまでの解法はそのまま適用できない．また，決定変数が整数値と実数値を含む線形計画問題を，混合整数線形計画問題（mixed integer linear programming problem）と呼ぶ．

一般に，整数線形計画問題は，線形計画問題より，解くことが難しい．式 (2.17 a)～(2.17 f) の線形計画問題で，決定変数が整数値に限定された整数線形計画問題を考える．

$$\text{目的関数} \quad \max \quad x + y \tag{2.31a}$$

$$\text{制約条件} \quad 5x + 3y \leq 15 \tag{2.31b}$$

$$x - y \leq 2 \tag{2.31c}$$

$$y \leq 3 \tag{2.31d}$$

$$x = 0, 1, \cdots \quad (\text{整数値}) \tag{2.31e}$$

$$y = 0, 1, \cdots \quad (\text{整数値}) \tag{2.31f}$$

線形計画問題では最適解が存在して，制約条件により構成される実行可能領域で少なくとも一つの端点が存在するならば，実行可能領域の端点の中に最適解が存在する．したがって，端点に対応する目的関数の値を調べればよい．しかし整数線形計画問題では，実行可能解は，図 2.12 のように x 軸と y 軸の格子点上に存在する．例えば，$x + y = z$ の直線を移動する方法で，z が最大となる格子点を見つける際にも，可能性のある格子点をすべて調査しなければならない．図 2.12 の例では，直感的にもわかるように，少なくとも (0, 3)，(1, 2)，(1, 3)，(2, 1) の 4 個の格子点の目的関数の値を調べる必要がある．調査の結

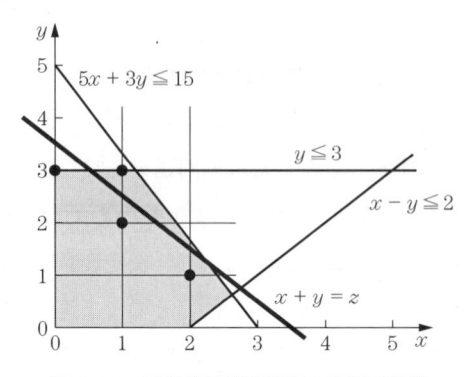

図 **2.12** 整数線形計画問題の実行可能解

果，格子点 $(1, 3)$ のとき，目的関数の値が最大値 4 になることがわかる。

実行可能解の格子点の数が大きくなるような，より大規模な整数線形計画問題を考える。

$$\text{目的関数} \quad \max \quad x + y \tag{2.32a}$$

$$\text{制約条件} \quad 5x + 3y \leqq 1\,500 \tag{2.32b}$$

$$x - y \leqq 200 \tag{2.32c}$$

$$y \leqq 300 \tag{2.32d}$$

$$x = 0, 1, \cdots \quad (\text{整数値}) \tag{2.32e}$$

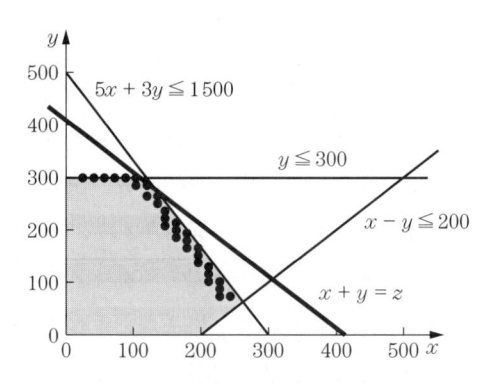

図 **2.13** 大規模な整数線形計画問題の実行可能解のイメージ

$$y = 0, 1, \cdots \quad (\text{整数値}) \tag{2.32f}$$

この問題の最適解となりそうな (x, y) を，**図 2.13** に示す．図 2.12 と比較して，調査すべき格子点の数が増えていることが直感的にわかる．このように，整数計画問題が大規模化し，実行可能解の組合せの数が大きくなると，計算時間が線形計画問題に比べて急激に増加する．図 2.13 を頼りに格子点を調査すると，格子点 (120, 300) のとき，目的関数の値が最大値 420 になることがわかる．

章 末 問 題

【1】つぎの線形計画問題を解け．

目的関数　max　$8x_1 + 6x_2$

制約条件　$2x_1 + x_2 \leq 30$

$x_1 + 2x_2 \leq 24$

$x_1 \geq 0$

$x_2 \geq 0$

【2】つぎの線形計画問題を解け．

目的関数　max　$10x_1 + 12x_2$

制約条件　$2x_1 + 3x_2 \leq 30$

$3x_1 + 2x_2 \leq 24$

$x_1 \geq 0$

$x_2 \geq 0$

【3】つぎの線形計画問題を解け．

目的関数　min　$80x_1 + 1\,200x_2$

制約条件　$x_1 + 30x_2 \geq 5$

$x_1 + 10x_2 \geq 3$

$x_1 \geq 0$

$x_2 \geq 0$

【4】 つぎの整数線形計画問題を解け。

目的関数　max　$10x_1 + 12x_2$

制約条件　$2x_1 + 3x_2 \leqq 30$

$3x_1 + 2x_2 \leqq 24$

$x_1 = 0, 1, \cdots$　（整数値）

$x_2 = 0, 1, \cdots$　（整数値）

【5】 つぎの整数線形計画問題を解け。

目的関数　max　$12x_1 + 10x_2$

制約条件　$2x_1 + 3x_2 \leqq 30$

$3x_1 + 2x_2 \leqq 24$

$x_1 = 0, 1, \cdots$　（整数値）

$x_2 = 0, 1, \cdots$　（整数値）

3 GLPK

本章では，線形計画法を解くソフトウェアツール，GLPK (GNU Linear Programming Kit) について述べる．線形計画問題は，決定変数の数が少ない場合には解析的に解くことができる．しかし，決定変数の数がきわめて大きくなると解析的に解くことが困難になる．そこで，線形計画問題を解く必要がある実践の現場では，公開・市販されている数理計画ソフトウェアを使用して，その問題をコンピュータを用いて解く場合がほとんどである．市販されている数理計画ソフトウェアがいくつか存在するが，本書では，線形計画問題解法のソフトウェアとして，フリーソフトウェアである GLPK を使用する．

3.1 GLPKの入手とインストールの確認

GLPK は，ロシアのマコーリン (A.O. Makhorin) によって開発された線形計画問題を解くフリーオープンソースソフトウェアのパッケージである．GLPK は，ANSI C 言語で書かれたルーチン群である．以下のサイトから，GLPK を入手できる．

`http://www.gnu.org/s/glpk/`（2012 年 1 月現在）

筆者は，version 4.45 をインストールした．インストール方法については，上記サイトを参照されたい．正しくインストールし，正しく path を設定し，コマンド 'glpsol --version' を入力すれば，実行結果 3.1 のように，GLPK のバージョン情報が出力される（⏎はリターンキーを押すことを表す）．

実行結果 3.1

```
 1: $ glpsol --version ↵
 2: GLPSOL: GLPK LP/MIP Solver, v4.45
 3:
 4: Copyright (C) 2000, 2001, 2002, 2003, 2004, 2005, 2006, 2007, 2008,
 5: 2009, 2010 Andrew Makhorin, Department for Applied Informatics,
 6: Moscow Aviation Institute, Moscow, Russia. All rights reserved.
 7:
 8: This program has ABSOLUTELY NO WARRANTY.
 9:
10: This program is free software; you may re-distribute it under the
11: terms of the GNU General Public License version 3 or later.
```

3.2 GLPK の使用例

式 (2.17a)~(2.17f) の線形計画問題を GLPK を用いて解く．最適化問題を記述したファイルをモデルファイルという．**プログラム 3.1** は，式 (2.17a)~(2.17f) の線形計画問題のモデルファイルである．

プログラム 3.1 (モデルファイル)

```
 1   /* lp-ex1.mod */
 2
 3   var x >= 0 ;
 4   var y >= 0 ;
 5
 6   maximize z: x + y ;
 7   s.t. st1:  5*x + 3*y <= 15 ;
 8   s.t. st2: x - y <= 2 ;
 9   s.t. st3: y <=3 ;
10
11   end ;
```

モデルファイルに記述された最適化問題を解くには，**実行結果 3.2** の 1 行目のコマンド 'glpsol' を実行する．モデルファイルと出力ファイルを指定する．オプション '-m' でモデルファイル lp-ex1.mod (プログラム 3.1) を読み，オプション '-o' で出力ファイル lp-ex1.out (**実行結果 3.3**, 32 ページ) に出力する．実行すると，実行結果 3.2 のメッセージが現れる．このメッセージは，モ

デルファイルから目的関数および制約条件を生成し，GLPK が実行した最適化の過程を示し，最適解が見つかったことを示している。最適解と最適化された目的関数の値は，実行結果 3.3 の lp-ex1.out に出力されている。

実行結果 3.3 の 1 〜 5 行目は，最適化問題の情報を示している。6 行目は，目的関数の最大値が 4.2 であることを示している。8 〜 13 行目は，目的関数と制約条件の情報を示している。15 〜 18 行目は，決定変数の最適値に関する情報を示している。17，18 行目の列 Activity に，最適解 $(x, y) = (1.2, 3)$ が示されている。

——— 実行結果 3.2 ———

```
 1: $ glpsol -m lp-ex1.mod -o lp-ex1.out ↵
 2: GLPSOL: GLPK LP/MIP Solver, v4.45
 3: Parameter(s) specified in the command line:
 4: -m lp-ex1.mod -o lp-ex1.out
 5: Reading model section from lp-ex1.mod...
 6: 11 lines were read
 7: Generating z...
 8: Generating st1...
 9: Generating st2...
10: Generating st3...
11: Model has been successfully generated
12: GLPK Simplex Optimizer, v4.45
13: 4 rows, 2 columns, 7 non-zeros
14: Preprocessing...
15: 2 rows, 2 columns, 4 non-zeros
16: Scaling...
17: A: min|aij| =  1.000e+00  max|aij| =  5.000e+00  ratio =  5.000e+00
18: Problem data seem to be well scaled
19: Constructing initial basis...
20: Size of triangular part = 2
21: *     0: obj =   0.000000000e+00  infeas =  0.000e+00 (0)
22: *     3: obj =   4.200000000e+00  infeas =  0.000e+00 (0)
23: OPTIMAL SOLUTION FOUND
24: Time used:   0.0 secs
25: Memory used: 0.1 Mb (108176 bytes)
26: Writing basic solution to 'lp-ex1.out'...
```

---------- 実行結果 3.3 ----------

```
出力ファイル名: lp-ex1.out
 1: Problem:    lp
 2: Rows:       4
 3: Columns:    2
 4: Non-zeros:  7
 5: Status:     OPTIMAL
 6: Objective:  z = 4.2 (MAXimum)
 7:
 8:    No.   Row name   St    Activity     Lower bound   Upper bound    Marginal
 9: ------ ------------ -- ------------- ------------- ------------- -------------
10:     1 z             B         4.2
11:     2 st1           NU         15                          15           0.2
12:     3 st2           B         -1.8                          2
13:     4 st3           NU          3                           3           0.4
14:
15:    No. Column name  St    Activity     Lower bound   Upper bound    Marginal
16: ------ ------------ -- ------------- ------------- ------------- -------------
17:     1 x             B         1.2             0
18:     2 y             B          3              0
19:
20: Karush-Kuhn-Tucker optimality conditions:
21:
22: KKT.PE: max.abs.err = 2.22e-16 on row 1
23:         max.rel.err = 2.36e-17 on row 1
24:         High quality
25:
26: KKT.PB: max.abs.err = 0.00e+00 on row 0
27:         max.rel.err = 0.00e+00 on row 0
28:         High quality
29:
30: KKT.DE: max.abs.err = 5.55e-17 on column 1
31:         max.rel.err = 1.85e-17 on column 1
32:         High quality
33:
34: KKT.DB: max.abs.err = 0.00e+00 on row 0
35:         max.rel.err = 0.00e+00 on row 0
36:         High quality
37:
38: End of output
```

(注) 8～18行目は，横方向に縮小して表示してある．

プログラム 3.2 は，式 (2.18 a)～(2.18 e) の線形計画問題のモデルファイル

を示している．'`$ glpsol -m lp-ex2.mod -o lp-ex2.out`'により，GLPK を実行すると，$(y_1, y_2) = (2, 0.1)$ のとき，最適値 $w = 280$ を得る．

―――――― プログラム **3.2** (モデルファイル) ――――――

```
 1   /* lp-ex2.mod */
 2
 3   var y1 >= 0 ;
 4   var y2 >= 0 ;
 5
 6   minimize w: 80*y1 + 1200*y2 ;
 7   s.t. st1: y1 + 30*y2 >= 5 ;
 8   s.t. st2: y1 + 10*y2 >= 3 ;
 9
10   end ;
```

章 末 問 題

【1】 ある工場が，つぎの条件で健康食品を製造する．健康食品の原料として，**表 3.1** に示す A, B, C, D の原料を用いることができる．健康食品には少なくとも，たんぱく質 18 kg，炭水化物 31 kg，脂肪 25 kg の栄養成分が含まれることが必要である．

表 3.1 健康食品の原料に含まれる栄養成分の割合と原料費

原料	栄養成分の割合〔％〕			原料費〔ドル/kg〕
	たんぱく質	炭水化物	脂肪	
A	18	43	31	5.00
B	31	25	37	7.50
C	12	12	37	3.75
D	18	50	12	2.50

(1) 食品メーカーは，上記条件を満たして，全体の原料費が最小になるように，健康食品を製造したい．原料 A, B, C, D の量を求める線形計画問題を定式化せよ．
(2) 線形計画問題の解を求めよ．
(3) 上記の線形計画問題（主問題）に対する双対問題を定式化せよ．
(4) 双対問題の最適値を求め，主問題と双対問題の最適値が一致することを確かめよ．

(5) 双対問題で導入された決定変数の意味を考え，双対問題の意味を解釈せよ．

【2】 化粧品メーカーが，つぎの条件でシャンプー，リンス，コンディショナーを製造する．それらの各頭髪用製品には，表 3.2 に示す割合で原料 A, B, C が含まれている．シャンプー，リンス，コンディショナーを 1 リットル製造すると，それぞれ 1.5, 2.0, 2.5 ドルの利益を得る．表に示す原料の在庫量の範囲内で，頭髪用製品を製造しなければならない．化粧品メーカーは，30 リットル以上のリンスを製造する必要がある．

表 3.2 頭髪用製品に含まれる原料の割合と原料の在庫量

頭髪用製品	原料の割合〔%〕		
	A	B	C
シャンプー	30	60	10
リンス	50	30	20
コンディショナー	20	10	70
在庫量〔リットル〕	100	150	200

(1) 化粧品メーカーは，上記条件を満たして，全体の利益が最大になるように頭髪用製品を製造したい．シャンプー，リンス，コンディショナーの量を求める線形計画問題を定式化せよ．
(2) (1) の線形計画問題の解を求めよ．
(3) (1) の線形計画問題（主問題）に対する双対問題を定式化せよ．
(4) 双対問題の最適値を求め，主問題と双対問題の最適値が一致することを確かめよ．

4 基本的な通信ネットワーク問題

本章では，おもに線形計画法が適用できる，基本的な通信ネットワークに関する問題（最短経路問題，最大流問題，最小費用流問題）について述べる。各種の問題に対して，定式化，GLPK による解法，および関連アルゴリズムについて説明する。

4.1 最短経路問題

4.1.1 線形計画問題

ネットワークを，有効グラフ $G(V, E)$ で表す。V はノードの集合であり，E はリンクの集合である。ノード i からノード j へのリンクを $(i, j) \in E$ と表す。x_{ij} は，発ノード $p \in V$ から着ノード $q \in V$ までの経路上の (i, j) を通過するトラヒック量の割合である。d_{ij} は (i, j) の距離である。図 4.1 にネットワークモデルを示す。図において，ノード 1 を発ノード ($p = 1$)，ノード 4 を着ノード ($q = 4$) とし，ノード 1 とノード 4 の間の最短経路を，線形計画法によって求めることを考える。最短経路問題は，つぎの線形計画問題として定式化さ

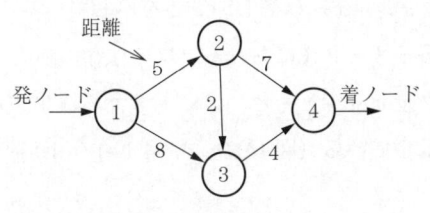

図 4.1 最短経路問題のネットワークモデル

れる．

$$\text{目的関数} \quad \min \quad 5x_{12} + 8x_{13} + 2x_{23} + 7x_{24} + 4x_{34} \tag{4.1a}$$

$$\text{制約条件} \quad x_{12} + x_{13} = 1 \tag{4.1b}$$

$$x_{12} - x_{23} - x_{24} = 0 \tag{4.1c}$$

$$x_{13} + x_{23} - x_{34} = 0 \tag{4.1d}$$

$$0 \leq x_{12} \leq 1 \tag{4.1e}$$

$$0 \leq x_{13} \leq 1 \tag{4.1f}$$

$$0 \leq x_{23} \leq 1 \tag{4.1g}$$

$$0 \leq x_{24} \leq 1 \tag{4.1h}$$

$$0 \leq x_{34} \leq 1 \tag{4.1i}$$

決定変数は $x_{12}, x_{13}, x_{23}, x_{24}, x_{34}$ である．式 (4.1a) は目的関数であり，ノード1からノード4までの経路の距離を最小化する．x_{ij} は，(i,j) を通ればトラヒック流量の割合，通らなければ0であるので，式 (4.1a) の各項において経路上のリンクの距離のみが反映され，経路上以外のリンクの距離は反映されない．式 (4.1b)～(4.1i) は制約条件である．式 (4.1b)～(4.1d) は，フローの保存を示している．式 (4.1b) は，発ノードであるノード1におけるフロー保存の制約であり，ノード1から流出するトラヒック量 $x_{12} + x_{13}$ が1に等しいことを示している（図 **4.2**(a)）．ここでは，ノード1が送出するトラヒック量を1（基準）と考えている．式 (4.1c) は，中継ノードであるノード2におけるフロー保存の制約であり，ノード2に流入するトラヒック量 x_{12} と，ノード2から流出するトラヒック量 $x_{23} + x_{24}$ は等しいことを示している（図 (b)）．式 (4.1d) は，中継ノードであるノード3におけるフロー保存の制約であり，ノード3に流入するトラヒック量 $x_{13} + x_{23}$ と，ノード3から流出するトラヒック量 x_{34} とは等しいことを示している（図 (c)）．式 (4.1e)～(4.1i) は，x_{ij} のとり得る範囲を示している．

ここで，着ノードであるノード4におけるフロー保存の制約も成立する必要

(a) ノード 1

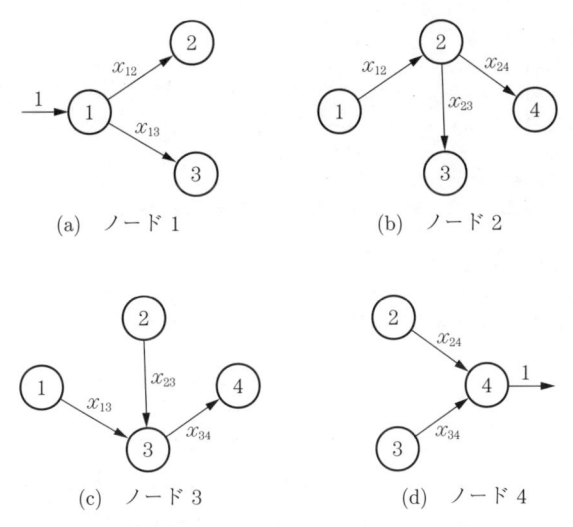

(b) ノード 2

(c) ノード 3

(d) ノード 4

図 **4.2** 各ノードにおけるトラヒックの
トラヒック入出力関係

がある。すなわち，図 (d) より

$$x_{24} + x_{34} = 1 \tag{4.2}$$

を満足する必要がある。しかし，式 (4.2) は，式 (4.1 b)〜(4.1 d) を用いて導出される。つまり，式 (4.1 b)〜(4.1 d) が成立すれば，つねに式 (4.2) が成立することが保証されている。

つぎに，式 (4.1 a)〜(4.1 i) の最適化問題を GLPK を用いて解く。**プログラム 4.1** は，式 (4.1 a)〜(4.1 i) の最適化問題のモデルファイルである。

4〜8 行目は，(i, j) に対する決定変数 x_{ij} を定義し，式 (4.1 e)〜(4.1 i) で表されたそのとり得る範囲を表している。11 行目は，式 (4.1 a) で表した目的関数を最小化することを示している。14〜16 行目は，式 (4.1 b)〜(4.1 d) の制約条件を示している。

────── プログラム **4.1** (モデルファイル) ──────

```
1   /* sp-ex1.mod */
2
3   /* Decision variables */
4   var x12 <=1, >=0 ;
```

```
 5   var x13 <=1, >=0 ;
 6   var x23 <=1, >=0 ;
 7   var x24 <=1, >=0 ;
 8   var x34 <=1, >=0 ;
 9
10   /* Objective function */
11   minimize PATH_COST: 5*x12 + 8*x13 + 2*x23 + 7*x24 + 4*x34 ;
12
13   /* Constraints */
14   s.t. NODE1: x12 + x13 = 1 ;
15   s.t. NODE2: x12 - x23 - x24 = 0 ;
16   s.t. NODE3: x13 + x23 - x34 = 0 ;
17
18   end;
```

モデルファイルに記述された最適化問題を解くには，**実行結果 4.1** の 1 行目のコマンド 'glpsol' を実行する．モデルファイルと出力ファイルを指定する．オプション '-m' でモデルファイル sp-ex1.mod（プログラム 4.1）を読み，オプション '-o' で出力ファイル sp-ex1.out（**実行結果 4.2**）に出力する．実行すると，実行結果 4.1 のメッセージが現れる．このメッセージは，モデルファイルから目的関数と制約条件を生成し，GLPK が実行した最適化の過程を示し，最適解が見つかったことを示している．最適解と最適化された目的関数の値は，実行結果 4.2 の sp-ex1.out に出力されている．

実行結果 4.2 の 1〜5 行目は，最適化問題の情報を示している．6 行目は，目的関数の最小値が 11 であることを示している．8〜13 行目は，目的関数，および制約条件の情報を示している．15〜21 行目は，決定変数の最適値に関する情報を示している．17〜21 行目の列 Activity に，最適解 $x_{12}=1, x_{13}=0, x_{23}=1, x_{24}=0, x_{34}=1$ が示されている．つまり，最短経路は $1 \to 2 \to 3 \to 4$ であり，経路長が 11 であることがわかる．

―――――――― 実行結果 4.1 ――――――――

```
1: $ glpsol -m sp-ex1.mod -o sp-ex1.out ↵
2: GLPSOL: GLPK LP/MIP Solver, v4.45
3: Parameter(s) specified in the command line:
4:    -m sp-ex1.mod -o sp-ex1.out
5: Reading model section from sp-ex1.mod...
```

```
 6: 19 lines were read
 7: Generating PATH_COST...
 8: Generating NODE1...
 9: Generating NODE2...
10: Generating NODE3...
11: Model has been successfully generated
12: GLPK Simplex Optimizer, v4.45
13: 4 rows, 5 columns, 13 non-zeros
14: Preprocessing...
15: 3 rows, 3 columns, 6 non-zeros
16: Scaling...
17:  A: min|aij| =  1.000e+00  max|aij| =  1.000e+00  ratio =  1.000e+00
18: Problem data seem to be well scaled
19: Constructing initial basis...
20: Size of triangular part = 3
21: *     0: obj =   1.200000000e+01  infeas =  0.000e+00 (0)
22: *     2: obj =   1.100000000e+01  infeas =  0.000e+00 (0)
23: OPTIMAL SOLUTION FOUND
24: Time used:   0.0 secs
25: Memory used: 0.1 Mb (108645 bytes)
26: Writing basic solution to 'sp-ex1.out'...
```

――――― 実行結果 4.2 ―――――

出力ファイル名: sp-ex1.out
```
 1: Problem:    sp
 2: Rows:       4
 3: Columns:    5
 4: Non-zeros:  13
 5: Status:     OPTIMAL
 6: Objective:  PATH_COST = 11 (MINimum)
 7:
 8:    No.   Row name    St   Activity     Lower bound   Upper bound    Marginal
 9:    ------ ------------ -- ------------- ------------- ------------- -------------
10:      1 PATH_COST     B          11
11:      2 NODE1         NS           1             1             =            12
12:      3 NODE2         NS           0            -0             =            -6
13:      4 NODE3         NS           0            -0             =            -4
14:
15:    No.  Column name   St   Activity     Lower bound   Upper bound    Marginal
16:    ------ ------------ -- ------------- ------------- ------------- -------------
17:      1 x12           NU           1             0             1            -1
18:      2 x13           B            0             0             1
19:      3 x23           B            1             0             1
20:      4 x24           NL           0             0             1             1
```

40   4. 基本的な通信ネットワーク問題

```
21:      5 x34         B          1         0         1
22:
23: Karush-Kuhn-Tucker optimality conditions:
24:
25: KKT.PE: max.abs.err = 0.00e+00 on row 0
26:         max.rel.err = 0.00e+00 on row 0
27:         High quality
28:
29: KKT.PB: max.abs.err = 0.00e+00 on row 0
30:         max.rel.err = 0.00e+00 on row 0
31:         High quality
32:
33: KKT.DE: max.abs.err = 0.00e+00 on column 0
34:         maMarginalx.rel.err = 0.00e+00 on column 0
35:         High quality
36:
37: KKT.DB: max.abs.err = 0.00e+00 on row 0
38:         max.rel.err = 0.00e+00 on row 0
39:         High quality
40:
41: End of output
```

(注) 8〜21 行目は，横方向に縮小して表示してある。

一般に最短経路探索問題は，35 ページで定義した文字表記を用い，つぎの線形計画問題として定式化される。

$$\text{目的関数} \quad \min \sum_{(i,j) \in E} d_{ij} x_{ij} \tag{4.3a}$$

$$\text{制約条件} \quad \sum_{j \in V} x_{ij} - \sum_{j \in V} x_{ji} = 1 \quad (i = p \text{ のとき}) \tag{4.3b}$$

$$\sum_{j \in V} x_{ij} - \sum_{j \in V} x_{ji} = 0 \quad (\forall i \neq p, q \in V) \tag{4.3c}$$

$$0 \leq x_{ij} \leq 1 \quad (\forall (i,j) \in E) \tag{4.3d}$$

決定変数は x_{ij} である。d_{ij} は，(i,j) の距離であり，与えられるパラメータである。式 (4.3 a) は目的関数であり，ノード p からノード q までの経路の距離を最小化する。x_{ij} は，(i,j) を通ればトラヒック流量の割合，通らなければ 0 であるので，式 (4.3 a) の各項において経路上のリンクの距離のみが反映され，経路上以外のリンクの距離は反映されない。式 (4.3 b)〜(4.3 d) は，制約条件である。

式 (4.3 b)〜(4.3 c) は，フローの保存を示している．式 (4.3 b) は，発ノードであるノード p におけるフロー保存の制約であり，ノード p から流出するトラヒック量とノード p に流入するトラヒック量の差，つまり $\sum_{j \in V} x_{ij} - \sum_{j \in V} x_{ji}$ が 1 に等しいことを示している．ここで，ノード p が送出するトラヒック量を 1 としている．式 (4.3 c) は，中継ノードであるノード i（ただし，$i \neq p, q$）におけるフロー保存の制約であり，ノード i から流出するトラヒック量 $\sum_{j \in V} x_{ij}$ と，ノード i に流入するトラヒック量 $\sum_{j \in V} x_{ji}$ は等しいことを示している．式 (4.3 d) は，x_{ij} のとり得る範囲を示している．

ここで，着ノードであるノード q におけるフロー保存の制約も成立する必要がある．すなわち

$$\sum_{j \in V} x_{ij} - \sum_{j \in V} x_{ji} = -1 \quad (i = q \text{のとき}) \tag{4.4}$$

を満足する必要がある．しかし，式 (4.4) は，式 (4.3 b)〜(4.3 c) を用いて，導出される．つまり，式 (4.3 b)〜(4.3 c) が成立すれば，つねに式 (4.4) が成立することが保証されている．

プログラム 4.1 の sp-ex1.mod のように必要なデータをモデルファイルに記述すると，ネットワークやリンクの距離等のネットワーク条件が変更された場合に，モデルファイルを書き換える必要がある．モデルファイルを書き換えると手間がかかるし，間違いが生じやすい．そこで GLPK では，モデルファイルと入力ファイルを別に作成しておき，ネットワーク条件等の最適化問題が変更された場合でも，入力ファイルを書き換えることによって最適化問題を記述できるようになっている．

式 (4.3 a)〜(4.3 d) の最適化問題に対するモデルファイルを**プログラム 4.2** に，入力ファイルを**プログラム 4.3** に示す．

プログラム 4.2 においては，4〜6, 11 行目でノード数 N，発ノード p，着ノード q，リンクの距離（コスト）のパラメータの型が定義されている．

また，プログラム 4.3 においては，3〜5 行目でパラメータ p, q, N の値が定義されている．8〜23 行目では，(i, j) の距離（コスト）が定義されている．

リンクが存在しない場合（例えば，$(1,1)$ や $(1,4)$），当該リンクが最短経路の一部のリンクとして選択されないように，リンクの距離として十分に大きい値 10 000 が設定されている．

―――――――――― プログラム **4.2** (モデルファイル) ――――――――――

```
 1  /* sp-gen.mod */
 2
 3  /* Given parameters */
 4  param N integer, >0;
 5  param p integer, >0;
 6  param q integer, >0;
 7
 8  set V := 1..N;
 9  set E within {V,V};
10
11  param cost{E};
12
13  /* Decision variables */
14  var x{E} <= 1, >= 0;
15
16  /* Objective function */
17  minimize PATH_COST: sum{i in V} (sum{j in V} (cost[i,j]*x[i,j] ) ) ;
18
19  /* Constraints */
20  s.t. SOURCE{i in V: i = p && p != q}:
21      sum{j in V} (x[i,j]) - sum{j in V}(x[j,i]) = 1;
22  s.t. INTERNAL{i in V: i != p && i != q && p != q }:
23      sum{j in V} (x[i,j]) - sum{j in V}(x[j,i]) = 0;
24  end;
```

―――――――――― プログラム **4.3** (入力ファイル) ――――――――――

```
 1  /* sp-gen1.dat */
 2
 3  param p := 1;
 4  param q := 4;
 5  param N := 4;
 6
 7  param : E : cost :=
 8  1 1 100000
 9  1 2 5
10  1 3 8
11  1 4 100000
```

```
12     2 1 100000
13     2 2 100000
14     2 3 2
15     2 4 7
16     3 1 100000
17     3 2 100000
18     3 3 100000
19     3 4 4
20     4 1 100000
21     4 2 100000
22     4 3 100000
23     4 4 100000
24     ;
25     end;
```

つぎに，実行結果 4.3 の 1 行目のコマンド 'glpsol' を実行する．モデルファイル，入力ファイル，出力ファイルを指定する．オプション '-m' でモデルファイル sp-gen.mod（プログラム 4.2）を読み，オプション '-d' で sp-gen1.dat（プログラム 4.3）を読み，オプション '-o' で出力ファイル sp-gen1.out に出力する．実行すると，実行結果 4.1 で示した結果と同様に実行結果 4.3 のメッセージが現れ，sp-gen1.out（実行結果 4.4）を得る．

──────── 実行結果 4.3 ────────
```
 1: $ glpsol -m sp-gen.mod -d sp-gen1.dat -o sp-gen1.out ↵
 2: GLPSOL: GLPK LP/MIP Solver, v4.45
 3: Parameter(s) specified in the command line:
 4:  -m sp-gen.mod -d sp-gen1.dat -o sp-gen1.out
 5: Reading model section from sp-gen.mod...
 6: 25 lines were read
 7: Reading data section from sp-gen1.dat...
 8: 25 lines were read
 9: Generating PATH_COST...
10: Generating SOURCE...
11: Generating INTERNAL...
12: Model has been successfully generated
13: GLPK Simplex Optimizer, v4.45
14: 4 rows, 16 columns, 34 non-zeros
15: Preprocessing...
16: 3 rows, 9 columns, 15 non-zeros
17: Scaling...
18:  A: min|aij| =  1.000e+00  max|aij| =  1.000e+00  ratio =  1.000e+00
```

```
19: Problem data seem to be well scaled
20: Constructing initial basis...
21: Size of triangular part = 3
22: *     0: obj =   1.000000000e+05  infeas =  0.000e+00 (0)
23: *     6: obj =   1.100000000e+01  infeas =  0.000e+00 (0)
24: OPTIMAL SOLUTION FOUND
25: Time used:   0.0 secs
26: Memory used: 0.1 Mb (125387 bytes)
27: Writing basic solution to 'sp-gen1.out'...
```

──────── 実行結果 4.4 ────────

```
出力ファイル名: sp-gen1.out
 1: Problem:    sp
 2: Rows:       4
 3: Columns:    16
 4: Non-zeros:  34
 5: Status:     OPTIMAL
 6: Objective:  PATH_COST = 11 (MINimum)
 7:
 8:  No.   Row name    St   Activity     Lower bound   Upper bound    Marginal
 9: ----- ------------ -- ------------- ------------- ------------- -------------
10:    1 PATH_COST    B            11
11:    2 SOURCE[1]    NS            1             1             =            12
12:    3 INTERNAL[2]  NS            0            -0             =             7
13:    4 INTERNAL[3]  NS            0            -0             =             4
14:
15:  No.  Column name  St   Activity     Lower bound   Upper bound    Marginal
16: ----- ------------ -- ------------- ------------- ------------- -------------
17:    1 x[1,1]       NL            0             0             1        100000
18:    2 x[1,2]       B             1             0             1
19:    3 x[1,3]       B             0             0             1
20:    4 x[1,4]       NL            0             0             1         99988
21:    5 x[2,1]       NL            0             0             1        100005
22:    6 x[2,2]       NL            0             0             1        100000
23:    7 x[2,3]       NU            1             0             1            -1
24:    8 x[2,4]       B             0             0             1
25:    9 x[3,1]       NL            0             0             1        100008
26:   10 x[3,2]       NL            0             0             1        100003
27:   11 x[3,3]       NL            0             0             1        100000
28:   12 x[3,4]       NU            1             0             1         < eps
29:   13 x[4,1]       NL            0             0             1        100012
30:   14 x[4,2]       NL            0             0             1        100007
31:   15 x[4,3]       NL            0             0             1        100004
32:   16 x[4,4]       NL            0             0             1        100000
```

```
33:
34: Karush-Kuhn-Tucker optimality conditions:
35:
36: KKT.PE: max.abs.err = 0.00e+00 on row 0
37:         max.rel.err = 0.00e+00 on row 0
38:         High quality
39:
40: KKT.PB: max.abs.err = 0.00e+00 on row 0
41:         max.rel.err = 0.00e+00 on row 0
42:         High quality
43:
44: KKT.DE: max.abs.err = 0.00e+00 on column 0
45:         max.rel.err = 0.00e+00 on column 0
46:         High quality
47:
48: KKT.DB: max.abs.err = 0.00e+00 on row 0
49:         max.rel.err = 0.00e+00 on row 0
50:         High quality
51:
52: End of output
```

(注) 8～32 行目は，横方向に縮小して表示してある．

図 1.1 のネットワークにおける最短経路問題は，入力ファイルとして sp-gen2.dat（プログラム 4.4）を準備すれば，プログラム 4.2 のモデルファイルを用いて図 1.2 で示した最短経路を得る．このように，同じモデルファイルを使って，異なるネットワークに対しては入力ファイルをそれぞれ作成することにより，それぞれの最適化問題の解を得ることができる．

──────── プログラム 4.4 (入力ファイル) ────────

```
 1  /* sp-gen2.dat */
 2
 3  param p := 1;
 4  param q := 6;
 5  param N := 6;
 6
 7  param : E : cost :=
 8   1 1 100000
 9   1 2 3
10   1 3 5
11   1 4 9
12   1 5 100000
```

```
13    1 6 100000
14    2 1 100000
15    2 2 100000
16    2 3 4
17    2 4 100000
18    2 5 4
19    2 6 100000
20    3 1 100000
21    3 2 100000
22    3 3 100000
23    3 4 100000
24    3 5 100000
25    3 6 10
26    4 1 1000000
27    4 2 100000
28    4 3 6
29    4 4 100000
30    4 5 100000
31    4 6 14
32    5 1 100000
33    5 2 100000
34    5 3 100000
35    5 4 100000
36    5 5 100000
37    5 6 6
38    6 1 100000
39    6 2 100000
40    6 3 100000
41    6 4 100000
42    6 5 100000
43    6 6 100000
44    ;
45    end;
```

4.1.2 ダイクストラ法

発ノードから着ノードまでの最短経路を求める手法として，線形計画法より効率よく求めることができるダイクストラ (Dijkstra) 法について説明する[1]。ただし，ダイクストラ法を適用する場合は，リンクの距離が0以上である必要がある。ダイクストラ法では，ネットワーク内のノードを，訪問中ノード（現在，訪問しているという意味），訪問済ノード，未訪問ノードに分類する。初期

4.1 最短経路問題

状態では，発ノードを訪問中ノード，発ノード以外のすべてのノードを未訪問ノードとし，発ノードの距離を0，発ノード以外のノードの距離を無限大として与える。訪問中ノードの隣接ノードまでの距離を加算して，つぎに訪問するノードを決定していくプロセスを繰り返す。すべてのノードの訪問が完了すれば（訪問済ノードになれば），発ノードからの最短経路が求められる。

ダイクストラ法のアルゴリズムは，以下のとおりである。

- ステップ1：発ノードから，発ノード以外のノードまでの距離を∞（無限大）とする。発ノード自身までの距離を0とする。
- ステップ2：発ノードを訪問中ノードとする。発ノード以外のすべてのノードを未訪問ノードとする。
- ステップ3：訪問中ノードを拠点として，隣接ノードのうち，未訪問ノードに対して，訪問中ノードからの未訪問ノードまでの距離（=訪問中ノードの距離＋リンクの距離）を計算する。もし，本ステップで計算された距離がすでに記録されている距離より小さければ，新しく計算された距離に書き換える。距離を書き換えられた未訪問ノードは，前の経由ノードを記憶しておく。訪問中ノードは訪問済ノードになる。訪問済ノードになると，その距離が書き換えられることはなく，当該ノードまでの最短距離が保証される。
- ステップ4：未訪問ノードのうち，最も小さい距離を有するノードを訪問中ノードとする。
- ステップ5：ネットワーク内のすべてのノードが訪問済ノードになれば，アルゴリズムは終了する。そうでなければ，ステップ3に戻る。

以下で，ダイクストラ法の動作例を説明する。ノード1から各ノードiまでの距離を$D(i)$とする。図4.3(a)のように，ノード1からノード6まで六つのノードがネットワーク内に存在する。各ノードまでの最短経路を探索する。図(b)のように，ノード1から，ノード1以外のノードまでの距離を∞（無限大）とする。ノード1から，ノード1自身までの距離を0とする（ステップ1）。

図(c)のように，ノード1を訪問中ノードとし，他のノードを未訪問ノード

48   4. 基本的な通信ネットワーク問題

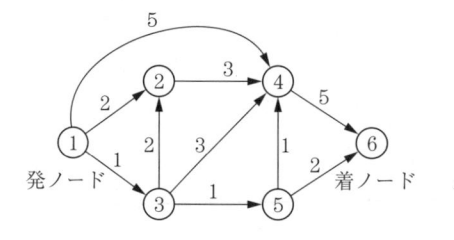

(a) ネットワークモデル

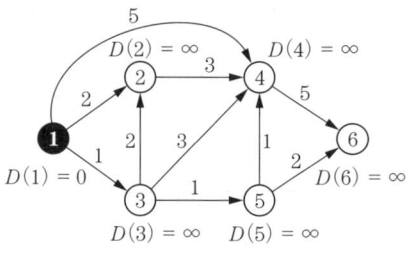

(b) 各ノードまでの距離を∞と初期設定

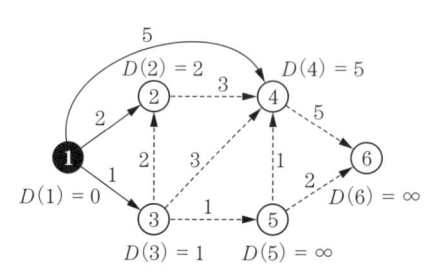

(c) 隣接ノードまでの距離の更新

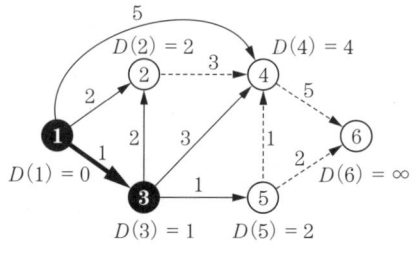

(d) ノード3の選択

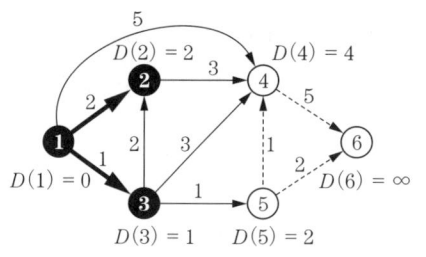

(e) ノード2の選択

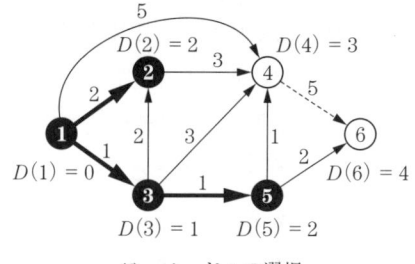

(f) ノード5の選択

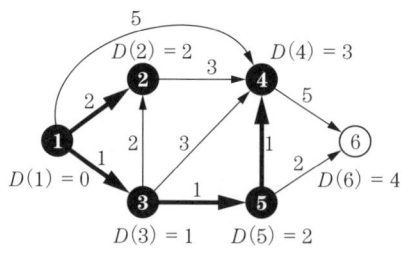

(g) ノード4の選択

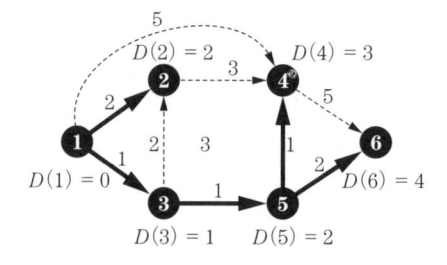

(h) 最短経路の取得

図 **4.3** ダイクストラ法の動作例

とマークする（ステップ2）。図4.3では，訪問中ノードと訪問済ノードは黒地に白抜き文字で，未訪問ノードは白地に黒字で表示している。ノード1は，三つの隣接ノード（ノード2, 3, 4）を有する。これらの隣接ノードまでの距離は無限大と設定されているが，ノード2までの距離$D(2) = 2$，ノード3までの距離$D(3) = 1$，ノード4までの距離$D(4) = 5$と更新される。（ステップ3）。

図(d)では，ノード1から距離が最も小さいノードとして，ノード3が選択される。ノード1は，訪問中ノードから訪問済ノードに，ノード3は，未訪問ノードから訪問中ノードに変化する。したがって，経路$1 \to 3$は，最短経路として確定する（ステップ4）。

訪問中ノードであるノード3の隣接ノード（ノード2, 4, 5）を考える（ステップ3）。経路$1 \to 3 \to 2$の距離が3であるが，以前に記憶した距離$D(2) = 2$のほうが小さいので，$D(2) = 2$のままで変化しない。経路$1 \to 3 \to 4$の距離は4である。これは，以前に記録した距離$D(4) = 5$より小さいので$D(4) = 4$と更新され，ノード4までの新しい経路は，$1 \to 3 \to 4$となる。経路$1 \to 3 \to 5$の距離は2であり，$D(5) = \infty$より小さいので，$D(5) = 2$となる。その結果，ノード3は訪問済ノードとなる。

図(e)において，$D(2) = 2$，$D(5) = 2$，他の未訪問ノードの距離は∞なので，最も距離が小さいノードはノード2かノード5である。そのため，2候補のうちの一つのノードであるノード2を訪問中ノードとして選択する。経路$1 \to 2 \to 4$の距離は5であり，以前に記録した距離$D(4) = 4$より大きい。したがって，$D(4) = 4$は変化しない（ステップ3）。ノード2は訪問済ノードになる。

図(f)において，未訪問ノードのうち最も距離が小さいノード5が訪問中ノードに選択される（ステップ4）。ノード5の隣接ノードのうち，未訪問ノード（ノード4, 6）の距離を調べる。経路$1 \to 3 \to 5 \to 4$の距離は3である。これは，以前に記録した距離$D(4) = 4$より小さい。したがって，$D(4) = 3$に更新される。経路$1 \to 3 \to 5 \to 6$の距離は4であり，$D(6) = \infty$から$D(6) = 4$に更新される（ステップ3）。ノード5は訪問済ノードになる。

図 (g) において，ノード4が訪問中ノードになる（ステップ4）。ノード4の隣接ノードのうち，未訪問ノード（ノード6）の距離を調べる。経路 $1 \to 3 \to 5 \to 4 \to 6$ の距離は8であり，これは以前に記憶した $D(6) = 4$ より大きい。$D(6) = 4$ は変化しない。同様のプロセスで，ノード6も訪問済ノードになる。したがって，すべてのノードが訪問済ノードになり，アルゴリズムが終了する（ステップ5）。結果として，ノード1からノード6に到達するためには，経路 $1 \to 3 \to 5 \to 6$ が最短経路であり，最短距離は4である。

4.1.3 ベルマン・フォード法

ダイクストラ法は，リンクの距離が0以上の場合のみ適用できる。距離が負の場合にも適用できる最短経路探索法として，ベルマン・フォード（Bellman-Ford）法[2],[3] がある。ただし，ネットワークにリンクの距離の総和が負となる閉路（負閉路）が存在しない場合のみ，有効である。負閉路が存在する場合は，その負閉路を使えば限りなく距離の総和が小さくなるので，最短経路は定まらない。

ダイクストラ法では，初期状態で発ノードの距離を0，他ノードの距離を無限大に設定し，最も小さい距離を有するノードを訪問しながら，隣接するノードの距離を更新していく。一度，訪問済ノードになると，その距離が書き換えられることはなく，当該ノードまでの最短距離が保証される。しかし，距離が負であるリンクが存在する場合は，一度，最も小さい距離を有するノードになっても，別の経路を経由すればさらに距離が小さくなることがある。ベルマン・フォード法では，訪問済ノードにかかわらず，すべてのノードに対して，ノードの距離を更新する動作を $N-1$ 回繰り返すことによって最短経路を得る。ここで，N はネットワーク内のノード数である。

ベルマン・フォード法のアルゴリズムは，以下のとおりである。

- ステップ1：発ノードから，発ノード以外のノードまでの距離を ∞（無限大）とする。発ノードから，発ノード自身までの距離を0とする。
- ステップ2：各ノードに対して，隣接ノードの距離と隣接ノードから自ノードを接続するリンクの距離の合計が最も小さくなるような隣接ノー

ドを選択して，当該合計距離を自ノードの距離とする。選択された隣接ノードを経路上の前ホップのノードとする。

- ステップ 3：ステップ 2 を $N-1$ 回繰り返せば，アルゴリズムは終了する。そうでなければ，ステップ 2 に戻る。

以下で，ベルマン・フォード法の動作例を説明する。ノード 1 から各ノード i までの距離を $D(i)$ とする。ノード i の前ホップノードを $P(i)$ とする。**図 4.4**(a)（52 ページ）のように，ノード 1 からノード 6 まで六つのノードがネットワーク内に存在する（ノード数 $N=6$）。各ノードまでの最短経路を探索する。図 (b) のように，ノード 1 から，ノード 1 以外のノードまでの距離を ∞（無限大）とする。ノード 1 から，ノード 1 自身までの距離を 0 とする（ステップ 1）。

図 (c) では，1 回目の距離を更新する。距離の更新においてすべての $D(i)$ に隣接ノードまでの距離を加算するが，現在 $D(i) \neq \infty$ であるのはノード 1 のみなので，ノード 1 の隣接ノードであるノード 2 とノード 3 の距離のみを考える。ノード 2 はノード 1 の隣接ノードなので，$D(2) = D(1) + 3 = 3 < \infty$ と更新され，$P(2) = 1$ となる。ノード 3 はノード 1 の隣接ノードなので，$D(3) = D(1) + 2 = 2 < \infty$ と更新され，$P(3) = 1$ となる。図 (c) では，1 回目の距離の更新結果を示している。

図 (d) では，2 回目の距離を更新する。$D(i) \neq \infty$ であるのは，ノード 1, ノード 2, ノード 3 である。距離が更新される可能性があるのは，これらの隣接ノードとなるノード 2, ノード 3, ノード 4, ノード 5 である。隣接ノードの距離と隣接ノードから自ノードを接続するリンクの距離の合計が最も小さくなるような隣接ノードを選択して，当該合計距離を自ノードの距離とする。その結果，更新された距離は，$D(3) = 1, D(4) = 5, D(5) = 7$ であり，$P(3) = 2$, $P(4) = 3, P(5) = 3$ となる。負の距離がある場合，ダイクストラ法と異なるのは，図 (c) において $D(3) < D(2)$ であるにもかかわらず，図 (d) において $D(3)$ が更新されることである。

距離を更新する動作を $N-1=5$ 回繰り返していくと，図 (e)，図 (f) を経て，図 (g) を得る。$P(i)$ を用いて，図 (h) のように，ノード 1 から各ノードま

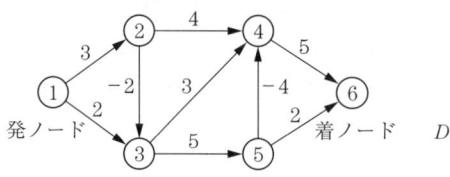

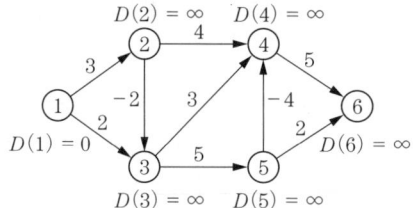

(a) ネットワークモデル

(b) 初期状態の距離

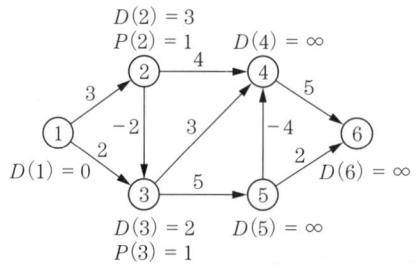

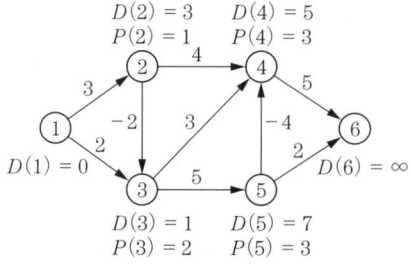

(c) 1回目距離更新

(d) 2回目距離更新

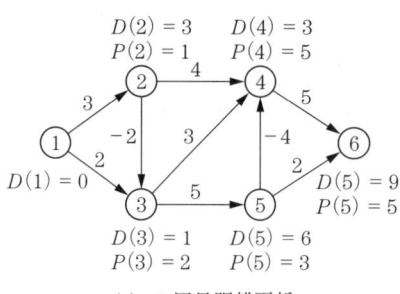

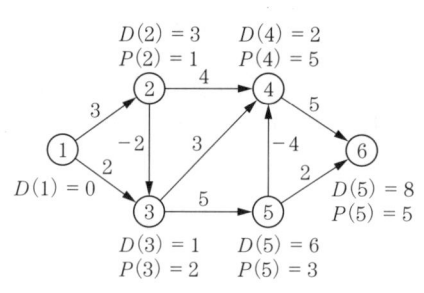

(e) 3回目距離更新

(f) 4回目距離更新

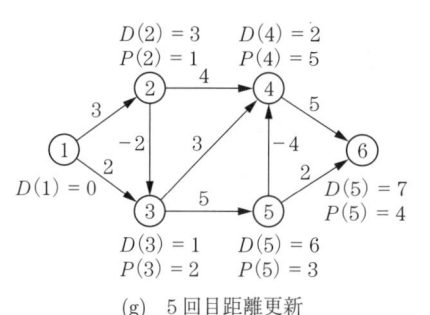

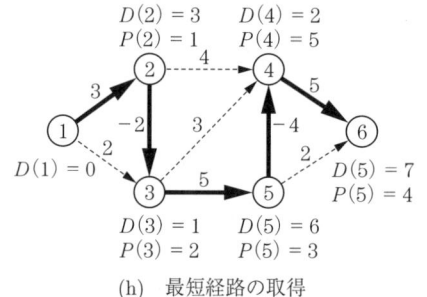

(g) 5回目距離更新

(h) 最短経路の取得

図 **4.4** ベルマン・フォード法の動作例

での最短経路と最短距離が求められる．

4.2 最大流問題

4.2.1 線形計画問題

最大流問題は，「リンク上を流れるトラヒック量はリンク容量を超えてはならない」という制約条件の下で，発ノードから着ノードに流すトラヒック量を最大化する経路を求める問題である．図 **4.5** に最大流問題のネットワークモデルを示す．

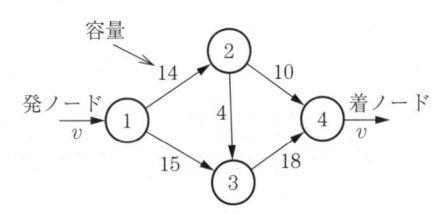

図 4.5 最大流問題のネットワークモデル

ネットワークを表す有効グラフ $G(V, E)$ において，V はノードの集合であり，E はリンクの集合である．ノード i からノード j へのリンクを $(i, j) \in E$ と表す．x_{ij} は，発ノード $p \in V$ から着ノード $q \in V$ までの経路上の (i, j) を通過するトラヒック量の割合である．c_{ij} は (i, j) のリンク容量である．図 4.5 のネットワークモデルにおいて，発ノード $p \in V$ から着ノード $q \in V$ に流すトラヒック量 v を最大化する最適化問題は，つぎの線形計画問題として定式化される．

$$\text{目的関数} \quad \max \quad v \tag{4.5a}$$

$$\text{制約条件} \quad x_{12} + x_{13} = v \tag{4.5b}$$

$$x_{12} - x_{23} - x_{24} = 0 \tag{4.5c}$$

$$x_{13} + x_{23} - x_{34} = 0 \tag{4.5d}$$

$$0 \leqq x_{12} \leqq 14 \tag{4.5e}$$

$$0 \leq x_{13} \leq 15 \tag{4.5f}$$

$$0 \leq x_{23} \leq 4 \tag{4.5g}$$

$$0 \leq x_{24} \leq 10 \tag{4.5h}$$

$$0 \leq x_{34} \leq 18 \tag{4.5i}$$

決定変数は $v, x_{12}, x_{13}, x_{23}, x_{24}, x_{34}$ である．式 (4.5a) は目的関数であり，ノード 1 からノード 4 に流すトラヒック量を最大化する．式 (4.5b)〜(4.5i) は制約条件である．式 (4.5b)〜(4.5d) はフローの保存を示している．式 (4.5b) は，発ノードであるノード 1 におけるフロー保存の制約であり，ノード 1 から流出するトラヒック量 $x_{12} + x_{13}$ が v に等しいことを示している．式 (4.5c) は，中継ノードであるノード 2 におけるフロー保存の制約であり，ノード 2 に流入するトラヒック量 x_{12} と，ノード 2 から流出するトラヒック量 $x_{23} + x_{24}$ とは等しいことを示している．式 (4.5d) は，中継ノードであるノード 3 におけるフロー保存の制約であり，ノード 3 に流入するトラヒック量 $x_{13} + x_{23}$ と，ノード 3 から流出するトラヒック量 x_{34} とは等しいことを示している．ノード 4 におけるフロー保存の制約は $x_{24} + x_{34} = v$ であり，式 (4.5b)〜(4.5d) によって保証されている．式 (4.5e)〜(4.5i) は x_{ij} のとり得る範囲を示しており，「リンク上を流れるトラヒック量はリンク容量を超えてはならない」という制約を表す．

式 (4.5a)〜(4.5i) の最適化問題に対するモデルファイルを**プログラム 4.5** に示す．

―――― プログラム 4.5 (モデルファイル) ――――

```
1   /* mf-ex1.mod */
2
3   /* Decision variables */
4   var v ;
5   var x12 <=14, >=0 ;
6   var x13 <=15, >=0 ;
7   var x23 <=4, >=0 ;
8   var x24 <=10, >=0 ;
9   var x34 <=18, >=0 ;
10
11  /* Objective function */
```

```
12  maximize TRAFFIC: v ;
13
14  /* Constraints */
15  s.t. NODE1: x12 + x13 = v ;
16  s.t. NODE2: x12 - x23 - x24 = 0 ;
17  s.t. NODE3: x13 + x23 - x34 = 0 ;
18
19  end ;
```

実行結果 4.5 のように 'glpsol' を実行すると，出力ファイル mf-ex1.out (実行結果 4.6) を得る。最適解は，$v = 28, x_{12} = 14, x_{13} = 14, x_{23} = 4, x_{24} = 10, x_{34} = 18$ が示されている。つまり，三つの経路について，経路 $1\,(1 \to 2 \to 4)$ に $v_1 = 10$，経路 $2\,(1 \to 2 \to 3 \to 4)$ に $v_2 = 4$，経路 $3\,(1 \to 3 \to 4)$ に $v_3 = 14$ のトラヒック量が流れる。ただし，$v = v_1 + v_2 + v_3 = 28$ である。

─────── 実行結果 4.5 ───────

```
出力ファイル名: mf-ex1.out
 1: $ glpsol -m mf-ex1.mod -o mf-ex1.out ⏎
 2: GLPSOL: GLPK LP/MIP Solver, v4.45
 3: Parameter(s) specified in the command line:
 4:  -m mf-ex1.mod -o mf-ex1.out
 5: Reading model section from mf-ex1.mod...
 6: 20 lines were read
 7: Generating TRAFFIC...
 8: Generating NODE1...
 9: Generating NODE2...
10: Generating NODE3...
11: Model has been successfully generated
12: GLPK Simplex Optimizer, v4.45
13: 4 rows, 6 columns, 10 non-zeros
14: Preprocessing...
15: 1 row, 2 columns, 2 non-zeros
16: Scaling...
17:  A: min|aij| =  1.000e+00  max|aij| =  1.000e+00  ratio =  1.000e+00
18: Problem data seem to be well scaled
19: Constructing initial basis...
20: Size of triangular part = 1
21: *     0: obj =   1.000000000e+01  infeas =  0.000e+00 (0)
22: *     2: obj =   2.800000000e+01  infeas =  0.000e+00 (0)
23: OPTIMAL SOLUTION FOUND
24: Time used:   0.0 secs
25: Memory used: 0.1 Mb (107846 bytes)
```

```
26: Writing basic solution to 'mf-ex1.out'...
```

────────── 実行結果 4.6 ──────────

```
 1: Problem:    mf
 2: Rows:       4
 3: Columns:    6
 4: Non-zeros:  10
 5: Status:     OPTIMAL
 6: Objective:  TRAFFIC = 28 (MAXimum)
 7:
 8:    No. Row name   St   Activity     Lower bound   Upper bound    Marginal
 9: ------ ------------ -- ------------- ------------- ------------- -------------
10:     1 TRAFFIC     B          28
11:     2 NODE1       NS          0            -0             =            -1
12:     3 NODE2       NS          0            -0             =             1
13:     4 NODE3       NS          0            -0             =             1
14:
15:    No. Column name St   Activity     Lower bound   Upper bound    Marginal
16: ------ ------------ -- ------------- ------------- ------------- -------------
17:     1 v           B          28
18:     2 x12         B          14             0            14
19:     3 x13         B          14             0            15
20:     4 x23         NU          4             0             4         < eps
21:     5 x24         NU         10             0            10             1
22:     6 x34         NU         18             0            18             1
23:
24: Karush-Kuhn-Tucker optimality conditions:
25:
26: KKT.PE: max.abs.err = 0.00e+00 on row 0
27:         max.rel.err = 0.00e+00 on row 0
28:         High quality
29:
30: KKT.PB: max.abs.err = 0.00e+00 on row 0
31:         max.rel.err = 0.00e+00 on row 0
32:         High quality
33:
34: KKT.DE: max.abs.err = 0.00e+00 on column 0
35:         max.rel.err = 0.00e+00 on column 0
36:         High quality
37:
38: KKT.DB: max.abs.err = 0.00e+00 on row 0
39:         max.rel.err = 0.00e+00 on row 0
40:         High quality
41:
```

```
42: End of output
```
（注） 8〜22 行目は，横方向に縮小して表示してある。

一般に，最大流問題は線形計画問題として次式で定式化される。

$$\text{目的関数} \quad \max \quad v \tag{4.6a}$$

$$\text{制約条件} \quad \sum_{j \in V} x_{ij} - \sum_{j \in V} x_{ji} = v \qquad (i = p \text{ のとき}) \tag{4.6b}$$

$$\sum_{j \in V} x_{ij} - \sum_{j \in V} x_{ji} = 0 \qquad (\forall i \neq p, q \in V) \tag{4.6c}$$

$$0 \leqq x_{ij} \leqq c_{ij} \qquad (\forall (i,j) \in E) \tag{4.6d}$$

決定変数は v, x_{ij} である。式 (4.6a) は目的関数であり，ノード p からノード q まで流れるトラヒック量 v を最大化する。式 (4.6b)〜(4.6d) は，制約条件である。式 (4.6b)〜(4.6c) は，フローの保存を示している。式 (4.6b) は，発ノードであるノード p におけるフロー保存の制約であり，ノード p から流出するトラヒック量とノード p に流入するトラヒック量の差，つまり $\sum_{j \in V} x_{ij} - \sum_{j \in V} x_{ji}$ が v に等しいことを示している。ここで，ノード p が送出するトラヒック量を v としている。式 (4.6c) は，中継ノードであるノード i（ただし，$i \neq p, q$）におけるフロー保存の制約であり，ノード i から流出するトラヒック量 $\sum_{j \in V} x_{ij}$ と，ノード i に流入するトラヒック量 $\sum_{j \in V} x_{ji}$ は等しいことを示している。式 (4.6d) は，x_{ij} のとり得る範囲を示している。(i,j) 上を流れるトラヒック量は，リンク容量 c_{ij} を超えてはならないことを制約している。

式 (4.6a)〜(4.6d) の最適化問題に対するモデルファイルを**プログラム 4.6**に，図 4.5 を表した入力ファイルを**プログラム 4.7** に示す。

プログラム 4.7 の入力ファイル `mf-gen1.dat` において，3〜5 行目ではパラメータ p, q, N の値が定義されている。7〜23 行目では，(i,j) の容量が定義されている。リンクが存在しない場合（例えば，(1,1) や (1,4)），リンクの容量の値として 0 が設定されている。

── プログラム 4.6 (モデルファイル) ──

```
1   /* mf-gen.mod */
2
3   param N integer, >0 ;
4   param p integer, >0 ;
5   param q integer, >0 ;
6
7   set V := 1..N ;
8   set E within {V,V} ;
9
10  var TRAFFIC >= 0 ;
11
12  param capa{E} ;
13
14  var x{E} >= 0 ;
15  maximize FLOW: TRAFFIC ;
16  s.t. INTERNAL{i in V: i != p && i != q && p != q }:
17  sum{j in V} (x[i,j]) - sum{j in V}(x[j,i]) = 0 ;
18  s.t. SOURCE{i in V: i = p && p != q}:
19  sum{j in V} (x[i,j]) - sum{j in V}(x[j,i]) = TRAFFIC ;
20  s.t. CAPACITY{(i,j) in E}: x[i,j] <= capa[i,j];
21  end ;
```

── プログラム 4.7 (入力ファイル) ──

```
1   /* mf-gen1.dat */
2
3   param p := 1;
4   param q := 4;
5   param N := 4;
6
7   param : E : capa :=
8   1 1 0
9   1 2 14
10  1 3 15
11  1 4 0
12  2 1 0
13  2 2 0
14  2 3 4
15  2 4 10
16  3 1 0
17  3 2 0
18  3 3 0
19  3 4 18
```

```
20    4 1 0
21    4 2 0
22    4 3 0
23    4 4 0
24    ;
25    end;
```

図 1.3 のネットワークにおける最大流問題は，入力ファイルとして**プログラム 4.8** の `mf-gen2.dat` を準備すれば，プログラム 4.6 のモデルファイルを用いて，図 1.4 に示した最大流となる経路と流量を得る。

―――――――― プログラム 4.8 (入力ファイル) ――――――――

```
1    /* mf-gen2.dat */
2
3    param p := 1;
4    param q := 6;
5    param N := 6;
6
7    param : E : capa :=
8     1 1 0
9     1 2 25
10    1 3 100
11    1 4 70
12    1 5 0
13    1 6 0
14    2 1 0
15    2 2 0
16    2 3 30
17    2 4 0
18    2 5 15
19    2 6 0
20    3 1 0
21    3 2 0
22    3 3 0
23    3 4 0
24    3 5 0
25    3 6 200
26    4 1 0
27    4 2 0
28    4 3 60
29    4 4 0
30    4 5 0
31    4 6 30
```

```
32    5 1 0
33    5 2 0
34    5 3 0
35    5 4 0
36    5 5 0
37    5 6 150
38    6 1 0
39    6 2 0
40    6 3 0
41    6 4 0
42    6 5 0
43    6 6 0
44    ;
45    end;
```

4.2.2 フロー増加法

最大流問題に対して，線形計画法でないアプローチの一つであるフロー増加法について説明する．フロー増加法は，フォード・ファルカーソン（Ford-Fulkerson）法とも呼ばれる．フロー増加法の考え方は以下のとおりである．与えられた容量付きのネットワークにおいて，発ノードから着ノードにかけて，容量の制限を超えないように適当な経路を選択して可能なフローを流す．その経路を増加道という．フローを流した後の残余容量を有するネットワーク（残余ネットワーク）に対して，増加道を選択して，容量の制限を超えないようにフローを流すというプロセスを，フローを流せなくなるまで繰り返す．繰返し作業が終了した時点で，ネットワークに流したフローの流量が最大流量となる．

フロー増加法のアルゴリズムは，以下のとおりである．

- ステップ1：初期状態として，すべてのフローの流量を0とする．
- ステップ2：現在のフローに関する残余ネットワークを作成する．
- ステップ3：残余ネットワークに対して，フローを流せる経路（増加道）が存在すれば，増加道を一つ選択して，容量の制限を超えないようにフローを流し，ステップ2に戻る．増加道が存在しなければ，ステップ4に進む．

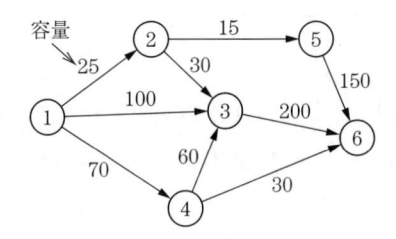

(a) ネットワークモデル

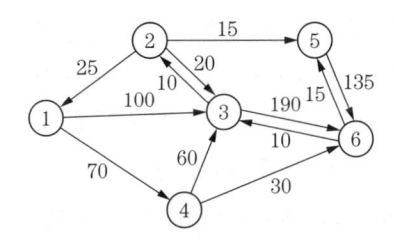

(b) 1回目フロー増加後の残余ネットワーク
増加フロー：経路 $1 \to 2 \to 5 \to 6$，流量 15

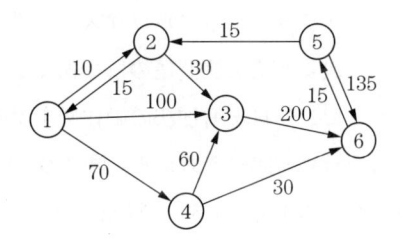

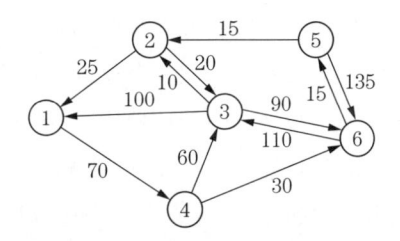

(c) 2回目フロー増加後の残余ネットワーク
増加フロー：経路 $1 \to 2 \to 3 \to 6$，流量 10

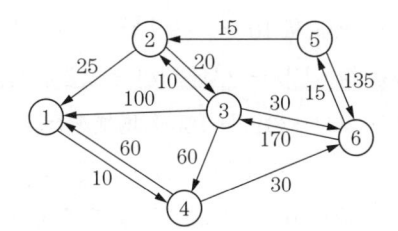

(d) 3回目フロー増加後の残余ネットワーク
増加フロー：経路 $1 \to 3 \to 6$，流量 100

(e) 4回目フロー増加後の残余ネットワーク
増加フロー：経路 $1 \to 4 \to 3 \to 6$，流量 60

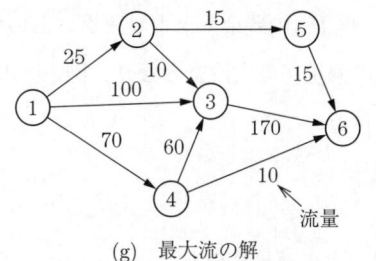

(f) 5回目フロー増加後の残余ネットワーク
増加フロー：経路 $1 \to 4 \to 6$，流量 10

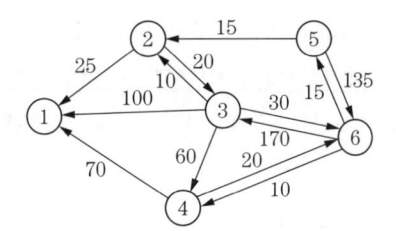

(g) 最大流の解

図 **4.6** フロー増加法の動作例

- ステップ4：アルゴリズムを終了する。ネットワークに流したフローの流量が最大流問題の解である。

以下で，フロー増加法の動作例を説明する。ノード1からノード6までの最大流を求める問題を考える。図4.6(a)は，リンク容量が与えられているネットワークを示す（図1.3と同じネットワーク）。図(a)のネットワークに対して，1回目のフローの増加を行う。増加道として経路 $1 \to 2 \to 5 \to 6$ を選択し，フローの流量15をノード1からノード6まで流す。1回目フロー増加後の残余ネットワークは図(b)となる。図(b)は，図(a)と比べると，経路上の流したフローの方向のリンクである(1, 2), (2, 5), (5, 6)の容量が15だけ削減されており，フローの逆方向のリンクである(6, 5), (5, 2), (2, 1)の容量が15だけ追加されている。つまり，経路上のリンク (i, j) の容量が Q であり，流量 p を流した場合，(i, j) の残余容量を $Q - p$ とし，流量 p を逆流させて，(j, i) の残余流量を p とし，残余ネットワークを作成している。

図(c)のネットワークに対して，2回目のフローの増加を行う。増加道として，経路 $1 \to 2 \to 3 \to 6$ を選択し，フローの流量10をノード1からノード6まで流す。2回目のフローの増加後の残余ネットワークは図(c)となる。同様に，3回目は，経路 $1 \to 3 \to 6$ を選択し，フローの流量100の増加を行う。4回目は，経路 $1 \to 4 \to 3 \to 6$ を選択し，フローの流量60の増加を行う。5回目は，経路 $1 \to 4 \to 6$ を選択し，フローの流量10の増加を行う。残余ネットワークは，それぞれ図(d), (e), (f)となる。

図(f)の残余ネットワークにおいて，ノード1からノード6に，これ以上フローを流すことができない。したがって，図(f)の残余ネットワークにおいて，ノード1に向かって逆流しているフローの流量が最大流量となり，図(g)の最終解を得る。このとき，最大流量195を得る。

4.2.3 最大流量と最小カット

発ノードを含み，着ノードを含まないノードの部分集合をカットという。ネットワーク上に，カットはいくつか存在する。図4.6(a)において，発ノードをノー

(a) 容量 195   (b) 容量 215

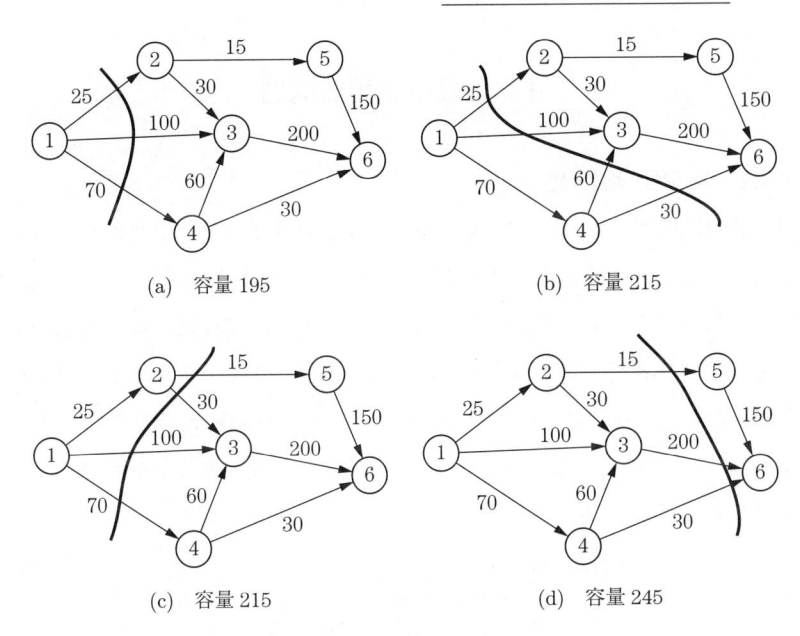

(c) 容量 215   (d) 容量 245

図 **4.7** カットの例

ド 1, 着ノードをノード 6 としたときのカットの例を図 **4.7** に示す. 図では四つのカットを示したが, ほかにも存在する. カットから出ているリンク容量の総和を, カットの容量と呼ぶ. 流量とカットの容量の間には, つぎのような関係が成り立つ.

定理 4.1 最大流量と最小のカットの容量は等しい.

つまり, 最大流量を求めるには, カットの容量の最小値を求めればよい. 図 4.7(a) が最小カット (容量が最小となるカットのこと) を示し, カットの容量は 195 であり, 最大流量と一致する. 定理 4.1 は, ネットワークの最大流量が最も容量の小さい箇所 (ボトルネック) で制限されることを意味している.

4.3 最小費用流問題

4.3.1 線形計画問題

最小費用流問題は，「発ノードから着ノードに流すトラヒック量が与えられているとき，リンク上を流れるトラヒック量はリンク容量を超えてはならない」という制約条件の下で，最小の費用でトラヒックを流す経路と流量を求める問題である．図 4.8 に，最小費用流問題のネットワークモデルを示す．最小費用流問題において，各リンクで要する費用は（リンクの距離 × 当該リンク上に流れるトラヒック量）で定義され，すべてのリンクで要する費用が最小となるように経路と流量を求める．

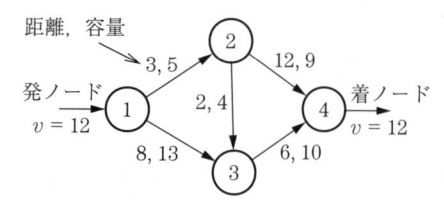

図 4.8 最小費用流問題のネットワークモデル

ネットワークを表す有効グラフ $G(V, E)$ において，V はノードの集合であり，E はリンクの集合である．ノード i からノード j へのリンクを $(i, j) \in E$ と表す．x_{ij} は，発ノード $p \in V$ から着ノード $q \in V$ までの経路上の (i, j) を通過するトラヒック量の割合である．c_{ij} は (i, j) のリンク容量である．図 4.8 のネットワークモデルにおいて，発ノード $p \in V$ から着ノード $q \in V$ にトラヒック量 v を流す費用を最小化する最適化問題は，つぎの線形計画問題として定式化される．

目的関数　　$\min \quad 3x_{12} + 8x_{13} + 2x_{23} + 12x_{24} + 6x_{34}$ 　　(4.7 a)

制約条件　　$x_{12} + x_{13} = 12$ 　　(4.7 b)

　　　　　　$x_{12} - x_{23} - x_{24} = 0$ 　　(4.7 c)

4.3 最小費用流問題　　65

$$x_{13} + x_{23} - x_{34} = 0 \tag{4.7d}$$

$$0 \leq x_{12} \leq 5 \tag{4.7e}$$

$$0 \leq x_{13} \leq 13 \tag{4.7f}$$

$$0 \leq x_{23} \leq 4 \tag{4.7g}$$

$$0 \leq x_{24} \leq 9 \tag{4.7h}$$

$$0 \leq x_{34} \leq 10 \tag{4.7i}$$

決定変数は $x_{12}, x_{13}, x_{23}, x_{24}, x_{34}$ である．式 (4.7a) は目的関数であり，ノード 1 からノード 4 に流す費用を最小化する．式 (4.7b)〜(4.7i) は，制約条件である．式 (4.7b)〜(4.7d) は，フローの保存を示している．式 (4.7b) は，発ノードであるノード 1 におけるフロー保存の制約であり，ノード 1 から流出するトラヒック量 $x_{12} + x_{13}$ が 12 に等しいことを示している．式 (4.7c) は，中継ノードであるノード 2 におけるフロー保存の制約であり，ノード 2 に流入するトラヒック量 x_{12} と，ノード 2 から流出するトラヒック量 $x_{23} + x_{24}$ とは等しいことを示している．式 (4.7d) は，中継ノードであるノード 3 におけるフロー保存の制約であり，ノード 3 に流入するトラヒック量 $x_{13} + x_{23}$ と，ノード 3 から流出するトラヒック量 x_{34} とは等しいことを示している．ノード 4 におけるフロー保存の制約は $x_{24} + x_{34} = 12$ であり，式 (4.5b)〜(4.5d) によって保証されている．式 (4.7e)〜(4.7i) は，x_{ij} のとり得る範囲を示しており，「リンク上を流れるトラヒック量は，リンク容量を超えてはならない」という制約を表す．

式 (4.7a)〜(4.7i) の最適化問題に対するモデルファイルを，**プログラム 4.9** に示す．

'glpsol' を実行すると，最適解として $x_{12} = 5$, $x_{13} = 7$, $x_{23} = 3$, $x_{24} = 2$, $x_{34} = 10$ を得る．つまり，三つの経路について，経路 1 ($1 \to 2 \to 4$) に $v_1 = 2$, 経路 2 ($1 \to 2 \to 3 \to 4$) に $v_2 = 3$, 経路 3 ($1 \to 3 \to 4$) に $v_3 = 7$ のトラヒック量が流れる．ただし，$v = v_1 + v_2 + v_3 = 12$ である．目的関数であるトラヒックフローの費用の最小値は 161 となる．

66　　4.　基本的な通信ネットワーク問題

────────── プログラム **4.9** (モデルファイル) ──────────
```
1   /* mcf-ex1.mod */
2
3   /* Decision variables */
4   var x12 <=5, >=0 ;
5   var x13 <=13, >=0 ;
6   var x23 <=4, >=0 ;
7   var x24 <=9, >=0 ;
8   var x34 <=10, >=0 ;
9
10  /* Objective function */
11  minimize COSTFLOW: 3*x12 + 8*x13 + 2*x23 + 12*x24 + 6*x34 ;
12
13  /* Constraints */
14  s.t. NODE1: x12 + x13 = 12 ;
15  s.t. NODE2: x12 - x23 - x24 = 0 ;
16  s.t. NODE3: x13 + x23 - x34 = 0 ;
17
18  end ;
```

一般に，最小費用流問題は，線形計画問題として次式で定式化される。ただし，ノード p からノード q まで流す量を v，(i,j) の距離を d_{ij}，(i,j) の容量を c_{ij} とする。

$$\text{目的関数}\quad \min \sum_{ij} d_{ij} x_{ij} \tag{4.8a}$$

$$\text{制約条件}\quad \sum_{j \in V} x_{ij} - \sum_{j \in V} x_{ji} = v \quad (i = p \text{ のとき}) \tag{4.8b}$$

$$\sum_{j \in V} x_{ij} - \sum_{j \in V} x_{ji} = 0 \quad (\forall i \neq p, q \in V) \tag{4.8c}$$

$$0 \leq x_{ij} \leq c_{ij} \quad (\forall (i,j) \in E) \tag{4.8d}$$

決定変数は x_{ij} である。式 (4.8a) は目的関数であり，トラヒック量 v をノード p からノード q まで流す費用を最小化する。式 (4.8b)〜(4.8d) は，制約条件である。式 (4.8b)〜(4.8c) は，フローの保存を示している。式 (4.8b) は，発ノードであるノード p におけるフロー保存の制約であり，ノード p から流出するトラヒック量とノード p に流入するトラヒック量の差，つまり，$\sum_{j \in V} x_{ij} - \sum_{j \in V} x_{ji}$ が v に等しいことを示している。ここで，ノード p が送出するトラヒック量は

v である.式 (4.8 c) は,中継ノードであるノード i (ただし,$i \neq p, q$) にお けるフロー保存の制約であり,ノード i から流出するトラヒック量 $\sum_{j \in V} x_{ij}$ と,ノード i に流入するトラヒック量 $\sum_{j \in V} x_{ji}$ は等しいことを示している. 式 (4.8 d) は,x_{ij} のとり得る範囲を示している.(i, j) 上を流れるトラヒック 量は,リンク容量 c_{ij} を超えてはならないことを制約している.

式 (4.8 a)〜(4.8 d) の最適化問題に対するモデルファイルを**プログラム 4.10** に,図 4.8 を表した入力ファイルを**プログラム 4.11** に示す.

プログラム 4.11 の入力ファイルにおいて,3〜6 行目ではパラメータ p, q, N, v の値が定義されている.8〜24 行目では,(i, j) の容量が定義されている.リ ンクが存在しない場合(例えば,$(1, 1)$ や $(1, 4)$),リンクの容量の値として 0 が設定されている.26〜42 行目では,(i, j) の距離を与えている.リンクが存 在しない場合,当該リンクが最短経路の一部のリンクとして選択されないよう に,リンクの距離として十分に大きい値 10 000 が設定されている.

――――― プログラム 4.10 (モデルファイル) ―――――

```
1   /* mcf-gen.mod */
2
3   param N integer, >0 ;
4   param p integer, >0 ;
5   param q integer, >0 ;
6   param TRAFFIC, >= 0 ;
7
8   set V := 1..N ;
9   set E within {V,V} ;
10  set EM within E ;
11  param capa{E} ;
12  param cost{EM} ;
13
14  var x{E} >= 0;
15  minimize FLOW_COST: sum{i in V} (sum{j in V} (cost[i,j]*x[i,j] ) ) ;
16  s.t. INTERNAL{i in V: i != p && i != q && p != q }:
17  sum{j in V} (x[i,j]) - sum{j in V}(x[j,i]) = 0 ;
18  s.t. SOURCE{i in V: i = p && p != q}:
19  sum{j in V} (x[i,j]) - sum{j in V}(x[j,i]) = TRAFFIC ;
20  s.t. CAPACITY{(i,j) in E}: x[i,j] <= capa[i,j] ;
21
22  end ;
```

4. 基本的な通信ネットワーク問題

──────── プログラム 4.11 (入力ファイル) ────────

```
 1  /* mcf-gen1.dat */
 2
 3  param p := 1 ;
 4  param q := 4 ;
 5  param N := 4 ;
 6  param TRAFFIC := 12 ;
 7
 8  param : E : capa :=
 9  1 1 0
10  1 2 5
11  1 3 13
12  1 4 0
13  2 1 0
14  2 2 0
15  2 3 4
16  2 4 9
17  3 1 0
18  3 2 0
19  3 3 0
20  3 4 10
21  4 1 0
22  4 2 0
23  4 3 0
24  4 4 0
25  ;
26  param : EM : cost :=
27  1 1 100000
28  1 2 3
29  1 3 8
30  1 4 100000
31  2 1 100000
32  2 2 100000
33  2 3 2
34  2 4 12
35  3 1 100000
36  3 2 100000
37  3 3 100000
38  3 4 6
39  4 1 100000
40  4 2 100000
41  4 3 100000
42  4 4 100000
43  ;
```

```
44    end;
```

図 1.5 のネットワークにおける最小費用流問題は，入力ファイルとして mcf-gen2.dat（プログラム 4.12）を準備すれば，プログラム 4.10 のモデルファイルを用いて，図 1.6 に示した最小費用となる経路と流量を得る．

──────── プログラム 4.12 (入力ファイル) ────────
```
 1    /* mcf-gen2.dat */
 2
 3    param p := 1 ;
 4    param q := 6 ;
 5    param N := 6 ;
 6    param TRAFFIC := 180 ;
 7
 8    param : E : capa :=
 9    1 1 0
10    1 2 25
11    1 3 100
12    1 4 70
13    1 5 0
14    1 6 0
15    2 1 0
16    2 2 0
17    2 3 30
18    2 4 0
19    2 5 15
20    2 6 0
21    3 1 0
22    3 2 0
23    3 3 0
24    3 4 0
25    3 5 0
26    3 6 200
27    4 1 0
28    4 2 0
29    4 3 60
30    4 4 0
31    4 5 0
32    4 6 30
33    5 1 0
34    5 2 0
35    5 3 0
36    5 4 0
```

```
37  5 5 0
38  5 6 150
39  6 1 0
40  6 2 0
41  6 3 0
42  6 4 0
43  6 5 0
44  6 6 0
45  ;
46  param : EM : cost :=
47  1 1 100000
48  1 2 3
49  1 3 5
50  1 4 9
51  1 5 100000
52  1 6 100000
53  2 1 100000
54  2 2 100000
55  2 3 4
56  2 4 100000
57  2 5 4
58  2 6 100000
59  3 1 100000
60  3 2 100000
61  3 3 100000
62  3 4 100000
63  3 5 100000
64  3 6 10
65  4 1 100000
66  4 2 100000
67  4 3 6
68  4 4 100000
69  4 5 100000
70  4 6 14
71  5 1 100000
72  5 2 100000
73  5 3 100000
74  5 4 100000
75  5 5 100000
76  5 6 6
77  6 1 100000
78  6 2 100000
79  6 3 100000
80  6 4 100000
81  6 5 100000
```

```
82    6 6 100000
83    ;
84  end;
```

4.3.2 負閉路消去法

最小費用流問題に対して，線形計画法でないアプローチの一つである負閉路消去法について説明する。負閉路消去法はクライン法とも呼ばれる。負閉路消去法の考え方は以下のとおりである。まず，与えられた距離・容量付きのネットワークにおいて，発ノードから着ノードにかけて，費用（距離）を考慮しないで，実行可能なフロー割当てが存在するかを判定する。実行可能な解がある場合，フローを流した後の残余容量を有するネットワーク（残余ネットワーク）を作成する。残余ネットワークにおいて，負の費用となる閉路（負閉路）が存在するかどうかを調べることにより，現状のフロー割当ての最適性を判定する。負閉路が存在すればさらに費用は小さくなるので，現状のフローは最小費用流でないと判定し，負閉路がなくなるまでフロー割当てを繰り返す。繰返し作業が終了した時点で，割当てのフローは最小の費用で流せることが保証される。

負閉路消去法のアルゴリズムは，以下のとおりである。

- ステップ 1：費用（距離）を考慮しないで，実行可能なフローが存在するかを判定する。実行可能な解がなければ，アルゴリズムを終了する。
- ステップ 2：現在のフローに関する残余ネットワークを作成する。
- ステップ 3：残余ネットワークに対して負閉路が存在しなければ，ステップ 5 に進む。
- ステップ 4：負閉路にフローを流して費用を減少させ，負閉路を消去する。ステップ 2 に戻る。
- ステップ 5：アルゴリズムを終了する。ネットワークに流したフローの流量が最小費用流の解である。

以下で，負閉路消去法の動作例を説明する。まず，ステップ 1 の動作を説明する。ノード 1 からノード 4 までの最大流を求める問題を考える。図 **4.9**(a)

4. 基本的な通信ネットワーク問題

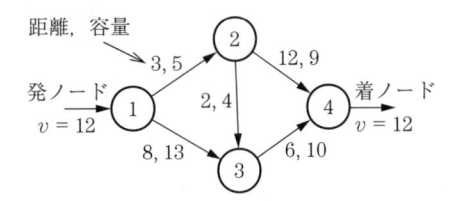

図4.9 (a) 最小費用流問題のネットワーク
(距離, 容量: 3,5 / 12,9 / 2,4 / 8,13 / 6,10; 発ノード1, 着ノード4, $v=12$)

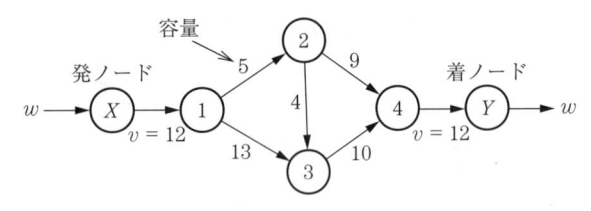

図4.9 (b) 補助ネットワーク
(容量: 5, 9, 4, 13, 10; 発ノード X, 着ノード Y, $v=12$)

図 4.9 最小費用流問題と補助ネットワーク

は，距離（費用）とリンク容量が与えられているネットワークを示す（図 4.8 と同じネットワーク）。与えられた最小費用流問題に，実行可能なフロー割当てが存在するかを判定するために，図 (b) の補助ネットワークを作成する。新しい発ノード X と着ノード Y を定義する。図 (a) を変更して図 (b) のように，ノード X とノード 1（本来の発ノード）の間，およびノード 4（本来の着ノード）とノード Y の間に容量 v のリンクを設定する。容量 v は，最小費用流問題におけるトラヒック需要に等しい。ステップ 1 では，実行可能なフローが存在するかを判定することを目的としているので，リンクの距離を考慮しない。図 (b) の補助ネットワークに対して最大流問題を解く。求められた最大流量を w とするとき，$w=v$ ならば与えられた最小費用流問題の実行可能な解が存在し，$w<v$ ならば実行可能な解が存在しない。ただし，追加したリンクの容量が v であるので，$w>v$ となることはあり得ない。図 **4.10** は，最大流問題を解いたとき $w=v=12$ であり，初期フローを示している。初期フローは，流量 5 である経路 $1 \to 2 \to 4$ のフローと，流量 7 である経路 $1 \to 3 \to 4$ のフローである。この初期フローは最小費用流であるとは限らない。

4.3 最小費用流問題

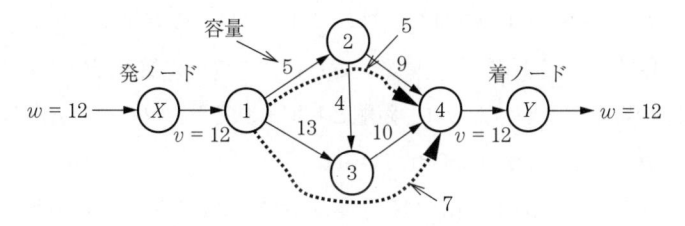

図 4.10 初期フローの割当て

ステップ2では，現在のフローに関する残余ネットワークを作成する．図 4.10 で示した初期フローに対して，残余ネットワークは**図 4.11**(a) で与えられる．残余ネットワークの作成法は，4.2.2 項で述べた方法をベースにしているが，距離の与え方に特徴がある．流量5で経路 $1 \to 2 \to 4$ のフローに対しては，フローの方向のリンク (1, 2) と (2, 4) の容量は5だけ減少している．さらに，フローの逆方向のリンク (4, 2) と (2, 1) の容量5が与えられ，距離としてそれぞれ，フローの方向の距離を負にした値 -12 と -3 が与えられている．流

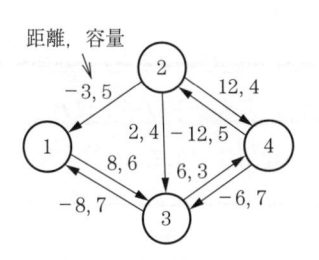

(a) 1回目フロー割当て
(負閉路あり)

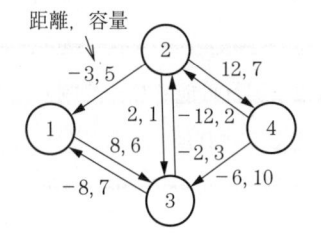

(b) 2回目フロー割当て
(負閉路なし)

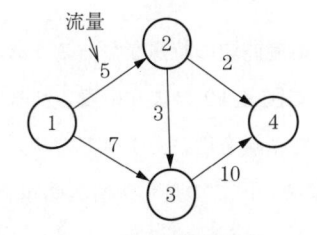

(c) 最小費用流の解

図 4.11 負閉路消去法の動作例

量7で経路 $1 \to 3 \to 4$ のフローに対しては,フローの方向のリンク $(1, 3)$ と $(3, 4)$ の容量は7だけ減少している.さらに,フローの逆方向のリンク $(4, 3)$ と $(3, 1)$ の容量が7が与えられ,距離としてそれぞれ,フローの方向の距離を負にした値 -6 と -8 が与えられている.

ステップ3では,図 4.11(a) の残余ネットワークに対して,負閉路が存在するかどうかをチェックする.閉路 $2 \to 3 \to 4 \to 2$ について,閉路の距離の合計は $2 + 6 + (-12) = -4$ なので,負閉路が存在する.負閉路がある限り,負閉路にフローを流すと費用が減少する.したがって,負閉路 $2 \to 3 \to 4 \to 2$ に最大の流量3のフローを流し,費用を減少させる.ステップ2へ戻り,負閉路でフロー増加の残余ネットワークを求め,図 (b) を得る.

図 (b) では負閉路が存在しない.したがって,これ以上,費用が減少しないので,ネットワークに流したフローの流量が最小費用流の解であり,図 (c) を得る.

負閉路消去法は,つぎの定理を用いている.

定理 4.2 実行可能フローを割り当てた残余ネットワークに対して,負閉路が存在しなければ,そのフローは最小費用流である.

4.4 最短経路問題,最大流問題,最小費用流問題の関係

最短経路問題と最大流問題は,最小費用流問題の特殊なケースである.

最短経路問題は,最小費用流問題として図 **4.12** のように表される.最小費用流問題では,最短経路問題で与えられた距離を用い,すべてのリンクの容量を1とし,トラヒック需要を1とすればよい.この最小費用流問題を解けば,最も距離の短い経路が求まる.

最大流問題は,最小費用流問題として図 **4.13** のように表される.最小費用流問題では,最大流問題のネットワークに対して,発ノードと着ノードの間を直接

図 4.12 (a) 最短経路問題　(b) 最小費用流問題　最短経路問題と最小費用流問題

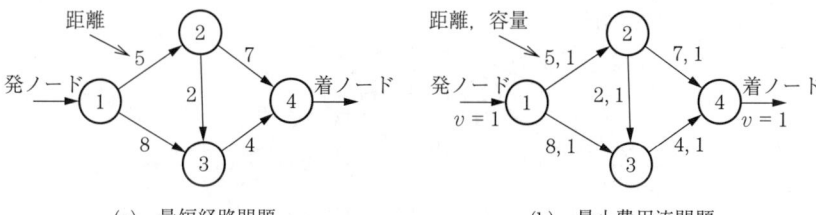

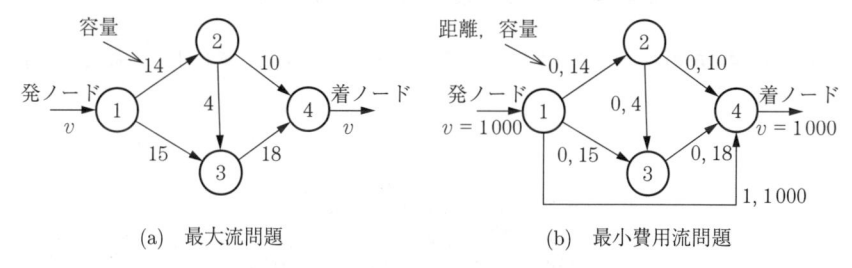

図 4.13 (a) 最大流問題　(b) 最小費用流問題　最大流問題と最小費用流問題

に接続するリンクを追加する．そのリンクの距離を正の値（図 (b) では 1），容量を十分大きい数（図 (b) では 1 000）とする．また，トラヒック需要を 1 000 とする．最大流問題のネットワークのリンクに対しては，もとのリンクの容量を与え，すべての距離を 0 とする．この最小費用流問題を解けば，追加したリンク以外のネットワークに流れた流量が最大のフローが求まる．

章　末　問　題

【1】 図 4.14 のネットワークにおいて，ノード 1 からノード 6 までの最短経路を求めよ．また，ノード 2 からノード 6 までの最短経路を求めよ．

【2】 図 4.14 のネットワークにおいて，リンク (4,5) が故障した場合，ノード 1 からノード 6 までの最短経路を求めよ．また，ノード 2 からノード 6 までの最短経路を求めよ．

【3】 図 4.14 のネットワークにおいて，ノード 1 からノード 6 までの最小費用流を求めよ．

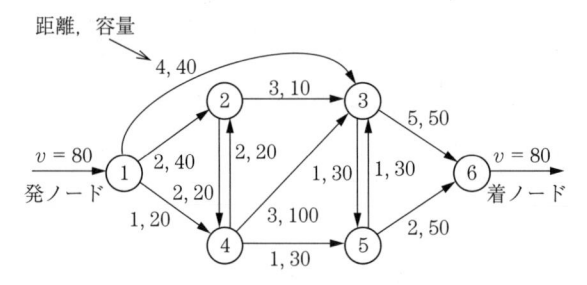

図 4.14 最短経路・最小費用流問題のネットワーク

【4】 図 4.15 のネットワークにおいて，ノード 1 からノード 6 までの最大流を求めよ。

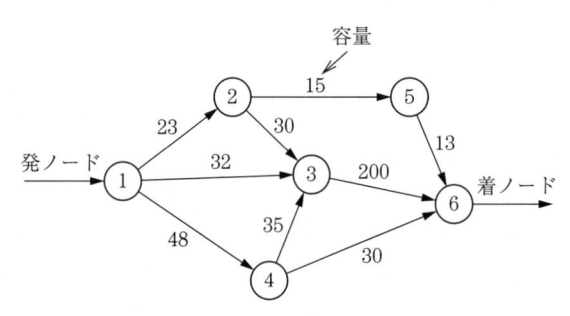

図 4.15 最大流問題のネットワーク

【5】 図 4.16 のネットワークにおいて，ノード 1 からノード 4 までの最小費用流を求めよ。

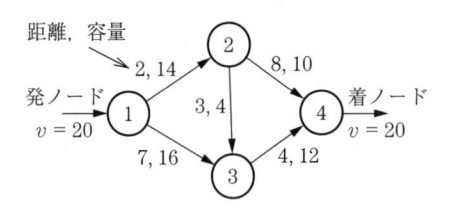

図 4.16 最小費用流問題のネットワーク

5 発展的な通信ネットワーク問題

本章では,おもに線形計画法が適用できる,発展的な通信ネットワークに関する問題(独立経路探索問題,波長割当て問題等)について述べる。各種問題に対して,定式化,GLPK による解法,および関連アルゴリズムについて説明する。

5.1 独立経路探索問題

5.1.1 整数線形計画問題

発ノードから着ノードにまでトラヒックを転送するために,二つ以上の独立な経路を設定することにより,ノードやリンク等のネットワーク故障に対して,信頼性を向上させることができる。リンク独立経路とは,発ノードから着ノードへの複数の経路において,共有するリンクが存在しない経路である。ノード独立経路とは,発ノードから着ノードへの複数の経路において,共有するノードが存在しない経路である。ノード独立経路は,必ず,リンク独立経路である。二つのリンク/ノード独立経路を有すれば,単一リンク/ノード故障が生じても,別の経路は故障に影響されないため,ネットワークの信頼性が高まる。

本書では,説明の単純化のために,リンク独立経路を扱う。ノード独立経路を扱う場合で,リンク独立経路の基本的な考え方は変わらない。以後,リンク独立経路を,単に独立経路と書く。

本節では,必要な独立経路数を K として,独立経路を探索する問題を考える。図 **5.1** のネットワークモデルにおいて,$K = 2$ として,2 本の独立経路を探索する。単純な経路探索方法を用いると,1 本目の経路の探索では,最短経路と

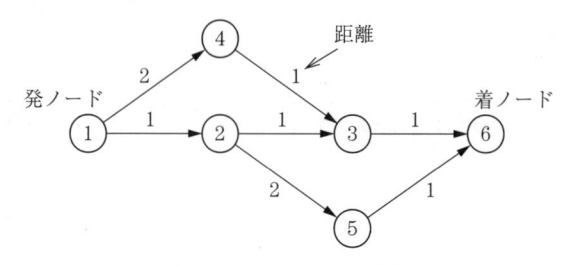

図 5.1 ネットワークモデル

して $1 \to 2 \to 3 \to 6$ が選択される．2本目の経路の探索では，1本目の経路で使用されたリンクは使用できないので，当該リンクを削除すると図 5.2 のネットワークになる．しかし，発ノードから着ノードへの経路は存在しなくなるため，2本目の経路は探索できない．しかし，1本目の経路を $1 \to 4 \to 3 \to 6$ とすると，2本目の経路として $1 \to 2 \to 5 \to 6$ が見つかり，2本の独立経路が探索される．

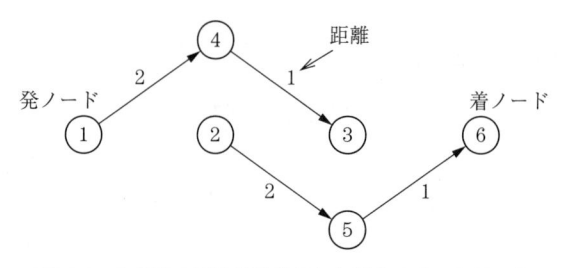

図 5.2 1本目の経路が選択された場合のネットワーク

K 本の経路の距離の合計が最も短くなるような独立経路を探索する．ネットワークを表す有効グラフ $G(V, E)$ において，V はノードの集合であり，E はリンクの集合である．ノード i からノード j へのリンクを $(i, j) \in E$ と表す．経路の識別番号を k とする ($k = 1, 2, \cdots, K$)．M は k の集合で，$k \in M$ である．x_{ij}^k は，発ノード $p \in V$ から着ノード $q \in V$ までの経路 k 上の (i, j) を通過するトラヒック量の割合である．x_{ij}^k は 1 または 0 の値をとる．$x_{ij}^k = 1$ であれば，(i, j) の距離を d_{ij} とする．

K 本の独立経路の距離の合計を最小化する最適化問題は，つぎの整数線形計画問題として定式化される．

5.1 独立経路探索問題

目的関数 $\quad \min \sum_k \sum_{ij} d_{ij} x_{ij}^k \qquad (5.1\,\text{a})$

制約条件 $\quad \sum_{j \in V} x_{ij}^k - \sum_{j \in V} x_{ji}^k = 1 \qquad (\forall k \in M,\ i = p \text{ のとき})$
$\qquad\qquad\qquad\qquad\qquad\qquad\qquad\qquad (5.1\,\text{b})$

$$\sum_{j \in V} x_{ij}^k - \sum_{j \in V} x_{ji}^k = 0 \qquad (\forall k, i \neq p, q \in V) \qquad (5.1\,\text{c})$$

$$x_{ij}^k + x_{ij}^{k'} \leq 1 \qquad (\forall k, k'(k \neq k') \in M, (i,j) \in E)$$
$\qquad\qquad\qquad\qquad\qquad\qquad\qquad\qquad (5.1\,\text{d})$

$$x_{ij}^k = \{0,1\} \qquad (\forall k \in M, (i,j) \in E) \qquad (5.1\,\text{e})$$

決定変数は，x_{ij}^k である．式 (5.1 a) は目的関数であり，K 個の独立経路の距離の合計を最小化する．式 (5.1 b)～(5.1 d) は，制約条件である．式 (5.1 b)～(5.1 c) は，フローの保存を示している．式 (5.1 b) は，発ノードであるノード p におけるフロー保存の制約であり，ノード p から流出するトラヒック量とノード p に流入するトラヒック量の差，つまり $\sum_{j \in V} x_{ij}^k - \sum_{j \in V} x_{ji}^k$ が 1 に等しいことを示している．ここで，ノード p が送出するトラヒック量は 1 である．式 (5.1 c) は，中継ノードであるノード i（ただし，$i \neq p, q$）におけるフロー保存の制約であり，ノード i から流出するトラヒック量 $\sum_{j \in V} x_{ij}$ と，ノード i に流入するトラヒック量 $\sum_{j \in V} x_{ji}$ は等しいことを示している．式 (5.1 d) は，異なる経路はリンクを共有しないことを示している．式 (5.1 e) は，x_{ij} が 0 または 1 のみの値をとることを示している．

式 (5.1 a)～(5.1 e) の最適化問題に対するモデルファイルを**プログラム 5.1** に，図 5.1 を表した入力ファイルを**プログラム 5.2** に示す．

──────── プログラム **5.1** (モデルファイル) ────────

```
1  /* djp-gen.mod */
2
3  /* Given parameters */
4  param K integer, >0 ;
5  param N integer, >0 ;
6  param p integer, >0 ;
7  param q integer, >0 ;
```

```
8
9   set V := 1..N ;
10  set E within {V,V} ;
11  set M := 1..K ;
12
13  param cost{E};
14
15  /* Decision variables */
16  /* var x{E,M} >=0, <=1, integer ; */
17  var x{E,M} binary ;
18
19  /* Objective function */
20  minimize PATH_COST: sum{k in M} sum{i in V} (sum{j in V}
21   (cost[i,j]*x[i,j,k])) ;
22
23  /* Constraints */
24  s.t. SOURCE{i in V, k in M: i = p && p != q}:
25       sum{j in V} (x[i,j,k]) - sum{j in V}(x[j,i,k]) = 1 ;
26  s.t. INTERNAL{i in V, k in M: i != p && i != q && p != q }:
27       sum{j in V} (x[i,j,k]) - sum{j in V}(x[j,i,k]) = 0 ;
28  s.t. DISJOINT{i in V, j in V, k1 in M, k2 in M: k2 !=k1}:
29       x[i,j,k1] + x[i,j,k2] <= 1 ;
30  end;
```

プログラム 5.2 (入力ファイル)

```
1   /* djp-gen1.dat */
2
3   param K := 2 ;
4   param N := 6 ;
5   param p := 1 ;
6   param q := 6 ;
7
8   param : E : cost :=
9   1 1 100000
10  1 2 1
11  1 3 100000
12  1 4 2
13  1 5 100000
14  1 6 100000
15  2 1 100000
16  2 2 100000
17  2 3 1
18  2 4 100000
19  2 5 2
```

```
20    2 6 100000
21    3 1 100000
22    3 2 100000
23    3 3 100000
24    3 4 100000
25    3 5 100000
26    3 6 1
27    4 1 100000
28    4 2 100000
29    4 3 1
30    4 4 100000
31    4 5 100000
32    4 6 100000
33    5 1 100000
34    5 2 100000
35    5 3 100000
36    5 4 100000
37    5 5 100000
38    5 6 1
39    6 1 100000
40    6 2 100000
41    6 3 100000
42    6 4 100000
43    6 5 100000
44    6 6 100000
45    ;
46    end;
```

プログラム 5.2 において，3〜6 行目ではパラメータ K, N, p, q の値が定義されている．8〜44 行目では，(i,j) の距離を与えている．リンクが存在しない場合，当該リンクが経路の一部のリンクとして選択されないように，リンクの距離として十分に大きい値 10 000 が設定されている．

'glpsol' を実行した結果，$1 \to 4 \to 3 \to 6$ と $1 \to 2 \to 5 \to 6$ の 2 経路を探索し，両経路の合計距離の最小値として 8 を得る．

5.1.2 独立最短経路ペア法

2 本の経路の距離の合計が最も短くなるような独立経路（リンク独立経路を扱う）を求める場合，5.1.1 項で述べた整数線形計画問題を解くより効率よく解

く方法として，独立最短経路ペア法がある[4]。

独立最短経路ペア法のアルゴリズムは，以下のとおりである。

- ステップ1：与えられたネットワークに対して，最短経路（1本目）を探索する。
- ステップ2：発ノードから着ノードに向かう最短経路上のリンクの向きを反対向きにして，リンクの距離の符号を反転した修正ネットワークを作成する。
- ステップ3：修正ネットワークに対して，最短経路（2本目）を探索する。
- ステップ4：1本目と2本目の最短経路上のリンクに対して，反対向きで重複しているリンクを削除する。
- ステップ5：残された両最短経路上のリンクの集合が，発ノードから着

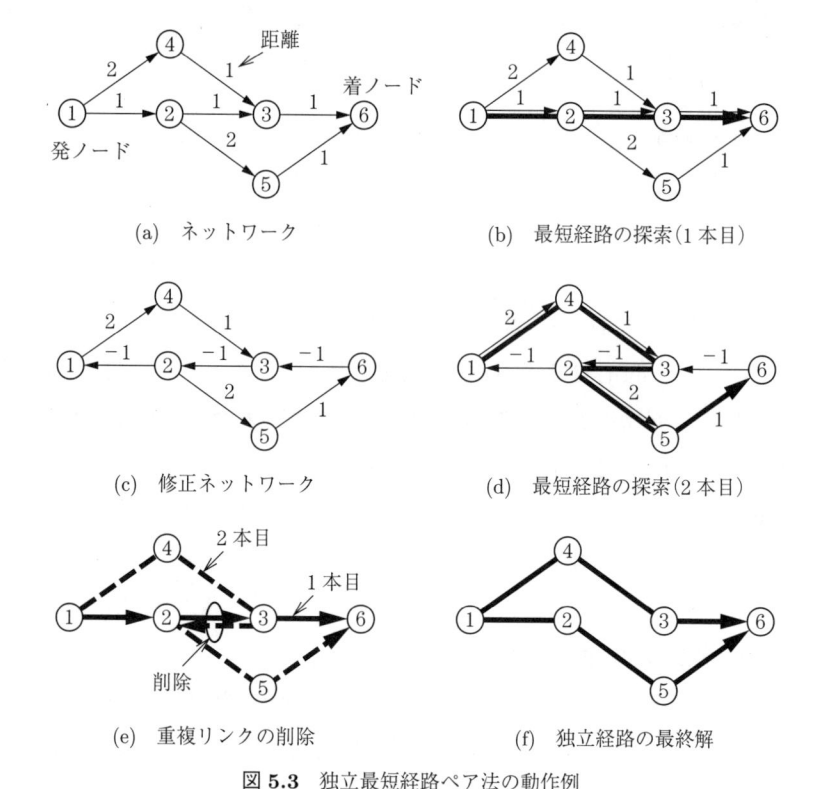

(a) ネットワーク　　(b) 最短経路の探索（1本目）

(c) 修正ネットワーク　　(d) 最短経路の探索（2本目）

(e) 重複リンクの削除　　(f) 独立経路の最終解

図 5.3 独立最短経路ペア法の動作例

ノードに向かう 2 本の独立経路を形成する。

以下で，独立最短経路ペア法の動作例を説明する。図 **5.3**(a) のようにネットワークが与えられている。ステップ 1 では，図 (b) に示すように，ノード 1 からノード 6 までの最短経路 $1 \to 2 \to 3 \to 6$ を得る。ステップ 2 では，図 (c) に示すように，1 本目の最短経路 $1 \to 2 \to 3 \to 6$ 上のリンク $(1,2)$, $(2,3)$, $(3,6)$ の向きを反対向きにして，リンクの距離の符号を反転した修正ネットワークが作成される。ステップ 3 では，図 (d) に示すように，修正ネットワークに対して 2 本目の最短経路 $1 \to 4 \to 3 \to 2 \to 5 \to 6$ を得る。ここで，リンク距離が負のため，4.1.2 項で述べたダイクストラ法は適用できない。リンク距離が負の場合は，4.1.3 項で述べたベルマン・フォード法を適用することができる。ステップ 4 では，図 (e) のように，1 本目と 2 本目の最短経路上でノード 2 とノード 3 の間のリンクが反対向きで重複しているため，当該リンクを削除する。ステップ 5 において，図 (f) に示すように，残された両最短経路上のリンクの集合が，発ノードから着ノードに向かう 2 本の独立経路を形成する。

5.1.3 Suurballe 法

5.1.2 項の独立最短経路ペア法では，与えられたネットワークが非負のリンク距離の場合でも，修正ネットワークにおいて負のリンク距離が出現するため，ダイクストラ法より計算時間を費やすベルマン・フォード法を用いる必要がある。修正ネットワークにおいて，非負のリンク距離のみを扱う独立経路を探索する方式として，Suurballe 法[5],[6] がある。Suurballe 法では，リンク距離が非負なので，最短経路の探索にはダイクストラ法を適用できる。

Suurballe 法のアルゴリズムは，以下のとおりである。

- ステップ 1：与えられたネットワークに対して，最短木と最短経路（1 本目）を探索する。
- ステップ 2：最短木と最短経路（1 本目）を用いて，修正ネットワークをつぎのように作成する。リンク (i,j) の距離 d'_{ij} を

$$d'_{ij} = d_{ij} - D(j) + D(i) \tag{5.2}$$

とする．ただし，d_{ij} は与えられたネットワークにおけるリンク (i,j) の距離，$D(i)$ は最短木から得られる発ノードからノード i までの距離である．さらに，発ノードから着ノードに向かう最短経路上のリンクの向きを反対向きにする．

- ステップ 3：修正ネットワークに対して，最短経路（2 本目）を探索する．
- ステップ 4：1 本目と 2 本目の最短経路上のリンクに対して，反対向きで重複しているリンクを削除する．
- ステップ 5：残された両最短経路上のリンクの集合が，発ノードから着ノードに向かう 2 本の独立経路を形成する．

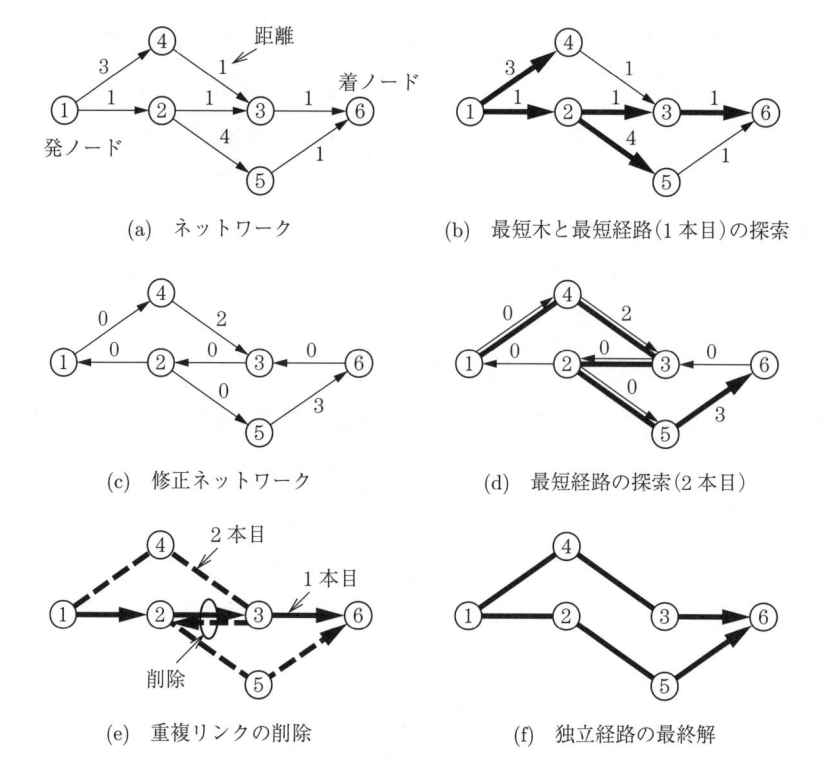

図 **5.4** Suurballe 法の動作例

ステップ 2 では，リンク (i,j) が最短木上にあれば，$D(j) = D(i) + d_{ij}$ なので，$d'_{ij} = 0$ となる。リンク (i,j) が最短木上になければ $D(j) \leqq D(i) + d_{ij}$ なので，$d'_{ij} \geqq 0$ である。したがって，修正ネットワークのリンクの距離は非負である。

以下で，Suurballe 法の動作例を説明する。図 **5.4**(a) のように，ネットワークが与えられている。ステップ 1 では，図 (b) に示すように，最短木とノード 1 からノード 6 までの最短経路 $1 \to 2 \to 3 \to 6$ を得る。ステップ 2 では，図 (c) に示すように修正ネットワークを作成する。修正ネットワークの距離は，式 (5.2) によって与えられる。さらに，1 本目の最短経路 $1 \to 2 \to 3 \to 6$ 上のリンク $(1,2)$, $(2,3)$, $(3,6)$ の向きを反対向きにする。ステップ 3 では，図 (d) に示すように，修正ネットワークに対して 2 本目の最短経路 $1 \to 4 \to 3 \to 2 \to 5 \to 6$ を得る。ここで，リンク距離が非負のため，4.1.2 項で述べたダイクストラ法を適用できる。ステップ 4 では，図 (e) のように，1 本目と 2 本目の最短経路上でノード 2 とノード 3 の間のリンクが反対向きで重複しているため，当該リンクを削除する。ステップ 5 において，図 (f) に示すように，残された両最短経路上のリンクの集合が，発ノードから着ノードに向かう 2 本の独立経路を形成する。

5.2 共有リスクリンク群を考慮した独立経路探索問題

5.2.1 整数線形計画問題

図 **5.5** のネットワークにおいて，発ノードをノード 1，着ノードをノード 7 とした場合の共有リスクリンク群を考慮したリンク独立経路を考える。共有リスクリンク群に属する複数のリンクは，あるネットワーク設備の故障が生じると，同時に故障の影響を受ける可能性がある。図 **5.6** に示すように，リンク $(3,7)$ と $(5,7)$ は同一の光ファイバを使用しており，それぞれ λ_1 と λ_2 の波長を用いて情報を転送している。ノード 3, 5, 7 は IP パケットをルーチングするルータであり，光クロスコネクトは波長をスイッチングするスイッチである。ここで，光クロスコネクトとノード 7 を接続する光ファイバが切断されると，λ_1 と λ_2 の波長が使用できなくなるので，リンク $(3,7)$ と $(5,7)$ は同時に切断される。こ

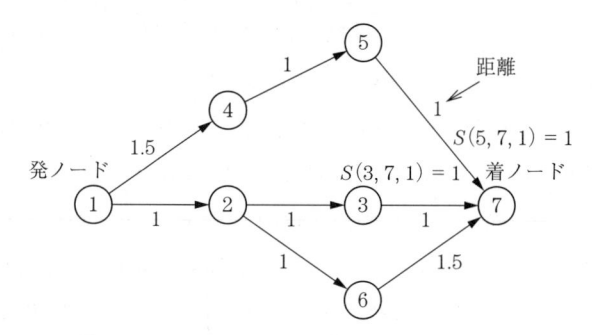

図 5.5 共有リスクリンク群のあるネットワーク

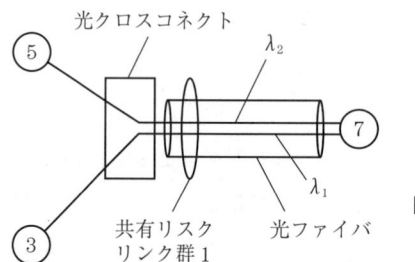

図 5.6 共有リスクリンク群の例

のように，一つの故障が複数のリンクに影響を及ぼす場合，これらのリンクの集合を共有リスクリンク群（shared risk link group, SRLG）と呼ぶ．リンク (i,j) が共有リスクリンク群 g に属していれば，$S(i,j,g) = 1$ を与える．そうでなければ，$S(i,j,g) = 0$ とする．図 5.5 では，リンク $(3,7)$ と $(5,7)$ は同一の共有リスクリンク群（$g = 1$）に属しているため，$S(3,7,1) = S(5,7,1) = 1$ である．

図 5.5 において，共有リスクリンク群を考慮しないで単純に 5.1 節で述べた二つの独立経路を求めると，$1 \to 2 \to 3 \to 7$ と $1 \to 4 \to 5 \to 7$ が得られる．しかし，リンク $(3,7)$ と $(5,7)$ は共有リスクリンク群（$g = 1$）に属しているので，両リンクが同時に故障するリスクがある．共有リスクリンク群を考慮すると，$1 \to 2 \to 6 \to 7$ と $1 \to 4 \to 5 \to 7$ の二つの経路は，リスクを共有している点で独立ではない．

そこで，共有リスクリンク群を考慮して，K 本の経路の距離の合計が最も短く

なるような独立経路を探索する問題を考える．ネットワークを表す有効グラフ $G(V,E)$ において，V はノードの集合であり，E はリンクの集合である．ノード i からノード j へのリンクを $(i,j) \in E$ と表す．経路の識別番号を k とする $(k = 1, 2, \cdots, K)$．M は k の集合で，$k \in M$ である．x_{ij}^k は，発ノード $p \in V$ から着ノード $q \in V$ までの経路 k 上の (i,j) を通過するトラヒック量の割合である．x_{ij}^k は，1 または 0 の値をとる．経路 K 上に (i,j) が存在すれば $x_{ij}^k = 1$ であり，そうでなければ $x_{ij}^k = 0$ である．(i,j) の距離を d_{ij} とする．

K 本の独立経路の距離の合計を最小化する最適化問題は，つぎの線形計画問題として定式化される．

目的関数　　$\min \displaystyle\sum_k \sum_{ij} d_{ij} x_{ij}^k$ 　　　　　　　　　　　　　(5.3 a)

制約条件　　$\displaystyle\sum_{j \in V} x_{ij}^k - \sum_{j \in V} x_{ji}^k = 1$ 　　($\forall k \in M,\ i = p$ のとき)

(5.3 b)

$\displaystyle\sum_{j \in V} x_{ij}^k - \sum_{j \in V} x_{ji}^k = 0$ 　　($\forall k \in M, i \neq p, q \in V$) 　(5.3 c)

$x_{ij}^k + x_{ij}^{k'} \leqq 1$ 　　($\forall k, k' \in M, (i,j) \in E$) 　　(5.3 d)

$x_{ij}^k + x_{i'j'}^{k'} + S(i,j,g) + S(i',j',g) \leqq 3$

　　　　($\forall k, k', k \neq k' \in M, (i,j), (i',j'), (i,j) \neq (i',j') \in E$)

(5.3 e)

$x_{ij}^k = \{0, 1\}$ 　　($\forall k \in M, (i,j) \in E$) 　　(5.3 f)

共有リスクリンク群を考慮する場合，式 (5.3 e) の制約条件が，式 (5.1 a)〜(5.3 f) に追加されている．式 (5.3 e) は，(i,j) と (i',j') ($\neq (i,j)$) がそれぞれ経路 k と経路 k' ($k \neq k'$) 上にある場合，つまり $x_{ij}^k + x_{i'j'}^{k'} = 2$ の場合，$S(i,j,g) = 1$ かつ $S(i',j',g) = 1$ になり得ないことを表している．つまり，$S(i,j,g) + S(i',j',g) \leqq 1$ であることを意味している．

式 (5.3 a)〜(5.3 f) の最適化問題に対するモデルファイルを**プログラム 5.3** に，図 5.5 を表した入力ファイルを**プログラム 5.4** に示す．

プログラム 5.3 (モデルファイル)

```
1   /* djp-s-gen.mod */
2
3   /* Given parameters */
4   param K integer, >0 ;
5   param N integer, >0 ;
6   param p integer, >0 ;
7   param q integer, >0 ;
8   param G integer, >0 ;
9
10  set V := 1..N ;
11  set E within {V,V} ;
12  set M := 1..K ;
13  set R := 1..G ;
14  set ER within {E,R} ;
15
16  param cost{E} ;
17  param S{ER} ;
18
19  /* Decision variables */
20  var x{E,M} binary ;
21
22  /* Objective function */
23  minimize PATH_COST: sum{k in M} sum{i in V} (sum{j in V}
24  (cost[i,j]*x[i,j,k])) ;
25
26  /* Constraints */
27  s.t. SOURCE{i in V, k in M: i = p && p != q}:
28      sum{j in V} (x[i,j,k]) - sum{j in V}(x[j,i,k]) = 1 ;
29  s.t. INTERNAL{i in V, k in M: i != p && i != q && p != q }:
30      sum{j in V} (x[i,j,k]) - sum{j in V}(x[j,i,k]) = 0 ;
31  s.t. DSJ{i in V, j in V, k1 in M, k2 in M: k2 !=k1}:
32      x[i,j,k1] + x[i,j,k2] <= 1 ;
33  s.t. SRLG_DSJ{(i1,j1) in E, (i2,j2) in E, g in R, k1 in M, k2 in M:
34      k2 != k1 && !(i1=i2 && j2=j2)}:
35      x[i1,j1,k1] + x[i2,j2,k2] + S[i1,j1,g] + S[i2,j2,g] <=3 ;
36  end ;
```

プログラム 5.4 (入力ファイル)

```
1   /* djp-s-gen1.dat */
2
3   param K := 2 ;
4   param N := 7 ;
5   param p := 1 ;
```

5.2 共有リスクリンク群を考慮した独立経路探索問題

```
 6  param q := 7 ;
 7  param G := 1 ;
 8
 9  param : E : cost :=
10  1 1 100000
11  1 2 1
12  1 3 100000
13  1 4 1.5
14  1 5 100000
15  1 6 100000
16  1 7 100000
17  2 1 100000
18  2 2 100000
19  2 3 1
20  2 4 100000
21  2 5 100000
22  2 6 1
23  2 7 100000
24  3 1 100000
25  3 2 100000
26  3 3 100000
27  3 4 100000
28  3 5 100000
29  3 6 100000
30  3 7 1
31  4 1 100000
32  4 2 100000
33  4 3 100000
34  4 4 100000
35  4 5 1
36  4 6 100000
37  4 7 100000
38  5 1 100000
39  5 2 100000
40  5 3 100000
41  5 4 100000
42  5 5 100000
43  5 6 100000
44  5 7 1
45  6 1 100000
46  6 2 100000
47  6 3 100000
48  6 4 100000
49  6 5 100000
50  6 6 100000
```

```
51  6 7 1.5
52  7 1 100000
53  7 2 100000
54  7 3 100000
55  7 4 100000
56  7 5 100000
57  7 6 100000
58  7 7 100000
59  ;
60  param : ER : S :=
61  1 1 1 0
62  1 2 1 0
63  1 3 1 0
64  1 4 1 0
65  1 5 1 0
66  1 6 1 0
67  1 7 1 0
68  2 1 1 0
69  2 2 1 0
70  2 3 1 0
71  2 4 1 0
72  2 5 1 0
73  2 6 1 0
74  2 7 1 0
75  3 1 1 0
76  3 2 1 0
77  3 3 1 0
78  3 4 1 0
79  3 5 1 0
80  3 6 1 0
81  3 7 1 1
82  4 1 1 0
83  4 2 1 0
84  4 3 1 0
85  4 4 1 0
86  4 5 1 0
87  4 6 1 0
88  4 7 1 0
89  5 1 1 0
90  5 2 1 0
91  5 3 1 0
92  5 4 1 0
93  5 5 1 0
94  5 6 1 0
95  5 7 1 1
```

5.2 共有リスクリンク群を考慮した独立経路探索問題 91

```
 96   6 1 1 0
 97   6 2 1 0
 98   6 3 1 0
 99   6 4 1 0
100   6 5 1 0
101   6 6 1 0
102   6 7 1 0
103   7 1 1 0
104   7 2 1 0
105   7 3 1 0
106   7 4 1 0
107   7 5 1 0
108   7 6 1 0
109   7 7 1 0
110   ;
111   end;
```

プログラム 5.4 において，3~7 行目では，パラメータ K, N, p, q, G の値が定義されている．9~58 行目では，(i,j) の距離を与えている．リンクが存在しない場合，当該リンクが経路の一部のリンクとして選択されないように，リンクの距離として十分に大きい値 10 000 が設定されている．60~109 行目では，$S(i,j,g)$ を与えている．$S(3,7,1) = 1$ と $S(5,7,1) = 1$ であり，それ以外の $S(i,j,1)$ の値は 0 である．

'glpsol' を実行した結果，図 5.7 に示すように $1 \to 2 \to 6 \to 7$ と $1 \to 4 \to 5 \to 7$ の 2 経路を探索し，両経路の合計距離の最小値として 7 を得る．

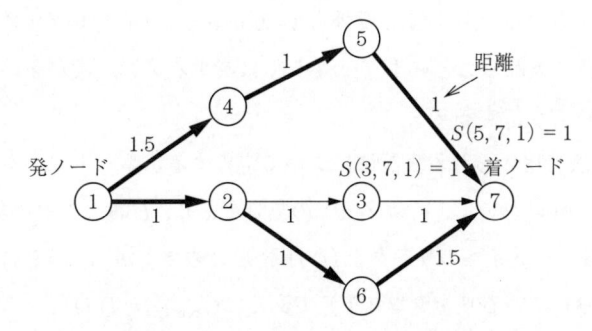

図 5.7 共有リスクリンク群を考慮した独立経路探索の解

5.2.2 共有リスクリンク群重み付け独立経路探索法

大規模なネットワークの場合，5.2.1 項で示した整数計画問題による解法では，共有リスクリンク群を考慮した独立経路の探索が困難になる。本項では，共有リスクリンク群に重み付けをすることにより，独立経路を探索する発見的な手法を紹介する[7]。この手法は，共有リスクリンク群重み付け独立経路探索法（Weighted SRLG 法，WSRLG 法）と呼ばれる。

図 5.5，および図 5.6 のネットワークを考える。5.2.1 項で述べたように，単純に二つの独立経路を求めると，$1 \to 2 \to 3 \to 7$ と $1 \to 4 \to 5 \to 7$ が得られる。しかし，共有リスクリンク群を考慮すると，リンク $(3,7)$ と $(5,7)$ は，同一の光ファイバを使用しているため，二つの経路は独立ではない。

独立経路を発見的に求める際に，k-shortest path アルゴリズムが広く用いられている[8],[9]。k-shortest path アルゴリズムでは，まず，与えられたトポロジから最短経路を求め，経由したリンクを削除したトポロジに対して，さらに最短経路を逐次求めていく。このアルゴリズムは，最小コストの独立経路を求めるという点において必ずしも最適なアルゴリズム[4]~[6]ではないが，ホップ数の制限のある独立経路計算では，計算量が少ないという点で有効である[10]。k-shortest path アルゴリズムにより求めた独立経路数は，最大フロー[11]にきわめて近い結果が得られることが報告されている[8]。

WSRLG 法では，同一の SRLG の属するリンクの数（メンバ数）をリンクコストとして考慮する。SRLG の要素も k-shortest path アルゴリズムにおける最短経路計算に入れることにより，SRLG に属するメンバ数が多いリンクが選択されにくいようにする。

WSRLG 法で用いられる表記法について定義する。ネットワークを表す有効グラフ $G(V,E)$ において，V はノードの集合であり，E はリンクの集合である。ノード i からノード j へのリンクを $(i,j) \in E$ と表す。d_{ij} は，(i,j) の距離（もともと与えられているリンクコスト）である。$C_{comp}(i,j)$ は，パス計算に用いられる (i,j) のコストである。(i,j) が共有リスクリンク群 g に属していれば，$S(i,j,g) = 1$ を与える。そうでなければ，$S(i,j,g) = 0$ とする。α は，パス計

算において SRLG を考慮する重みである．$D_{req}(s,d)$ はノード s–d 間のパスに要求される独立経路数，$C_{path}(s,d)$ はノード s–d 間のすべての独立経路のコストの和，N_G は SRLG のグループ数，K はノード s–d 間の独立経路数である．

WSRLG 法では，k-shortest path アルゴリズムで最短経路を探索する場合，つぎのリンクコスト $C_{comp}(i,j)$ を用いる．

$$C_{comp}(i,j) = \frac{1-\alpha}{d_{ij}^{\max}} d_{ij} + \frac{\alpha}{SRLG^{\max}} \max\{SRLG(i,j), 1\} \tag{5.4}$$

$$SRLG(i,j) = \sum_{g}^{N_G} S(i,j,g) \tag{5.5}$$

$$d_{ij}^{\max} = \max_{i,j} d_{ij} \tag{5.6}$$

$$SRLG^{\max} = \max_{i,j} SRLG(i,j) \tag{5.7}$$

また，発着ノード s–d 間のすべての独立経路のコストの和 $C_{path}(s,d)$ を

$$C_{path}(s,d) = \sum_{k=1}^{K} \sum_{(i,j)\in \text{path } k} d_{ij} \tag{5.8}$$

と定義する．WSRLG 法では，発着ノード s–d 間に要求される独立経路数 $D_{req}(s,d)$ を満足しながら，$C_{path}(s,d)$ が最小になるような経路を，二分探索を用いて適切な α を決定しながら求める．α は，$0 \leq \alpha \leq 1$ の範囲をとり得る．α の値が 1 に近ければ，SRLG の要素のみを考慮しているので，所望の独立経路数を求められる可能性が高い．しかし，経路計算において，もともと与えられている (i,j) のコスト d_{ij} が反映されていないので，$C_{path}(s,d)$ が大きくなる可能性がある．一方，α が小さければ，SRLG の要素が大きく反映されていないので，所望の独立経路数を求められる可能性が少なくなる．したがって，要求条件を満足しつつ，適切な α を決定する必要がある．

WSRLG 法のアルゴリズムは，以下のとおりである．初期値として，$\alpha_{\min} = 0.0$，$\alpha_{\max} = 1.0$ とする．α の収束を判定する値を ε とおく．

- ステップ 1：$\alpha = (\alpha_{\min} + \alpha_{\max})/2$ を計算する。

- ステップ 2：k-shortest path アルゴリスムで独立経路数を探索し，得られた独立経路数 $D_{num}(s,d)$ を求める。

- ステップ 3：$D_{num}(s,d) < D_{req}(s,d)$ ならば，$\alpha_{\min} = \alpha$ とする。そうでなければ，$\alpha_{\max} = \alpha$ とする。

- ステップ 4：$\alpha_{\max} - \alpha_{\min} > \varepsilon$ ならば，ステップ 1 に戻る。そうでなければ，ステップ 5 に進む。

- ステップ 5：$D_{req}(s,d) - D_{num}(s,d)$ が最小となる独立経路のセットの中で，$D_{path}(s,d)$ が最小となる独立経路のセットを解とする。

SRLG を考慮した k-shortest path アルゴリスムは，以下のものを用いる。初期値として，$k = 1$ を与える。

- ステップ 1：ノード s–d 間の k 本目のパスの最短経路を，リンクコストを $C_{comp}(i,j)$ として求める。もし，ノード s–d 間に経路がないか，または $k = D_{req}(s,d)$ であれば終了する。

- ステップ 2：ステップ 1 で求めたパスの経由リンク (i,j) について，すべての g に対して，もし，$S(i,j,g) = 1$ ならば，$S(i',j',g) = 1$ なるすべての (i',j') を，パス計算で用いるトポロジから削除する。また，経由ノードも削除する。

- ステップ 3：$k = k+1$ とし，ステップ 1 に戻る。

図 5.5 のネットワークモデルに対して特別な例として式 (5.4) で $\alpha = 1$ とした場合，WSRLG 法を用いると，発ノード 1 と着ノード 7 の間には $1 \to 2 \to 6 \to 7$ と $1 \to 4 \to 5 \to 7$（本項の例では，図 5.7 の整数計画法による解と同一）の二つの独立経路が探索される。

$\alpha = 1$ のとき，$C_{comp}(3,7)$ と $C_{comp}(5,7)$ は他のリンクコスト $C_{comp}(i,j)$ の 2 倍になり，第 1 の経路として $(3,7)$ を回避して $1 \to 2 \to 6 \to 7$ が選択され，第 2 の経路として $1 \to 4 \to 5 \to 7$ が選択される。このように，WSRLG 法では，効率よく独立経路数を見つけることができる。

5.3 光パスネットワークにおける波長割当て問題

5.3.1 光パスネットワーク

光ファイバの伝送容量を増加させる方式として，波長分割多重（wavelength division multiplexing, WDM）方式がある．WDM は，波長の異なる複数の光信号を同時に利用することで，光ファイバを多重利用する．WDM を用いると，波長に宛先情報を関連付けることにより，光パスを設定することが可能になる．光パスから構成されるネットワークを光パスネットワークと呼ぶ．

一般の IP ルータから構成される IP ネットワークでは，IP ルータにおいて，到着した IP パケットの宛先情報を電気的に処理し，つぎの転送先を決定する．これに対して光パスネットワークでは，波長ごとに宛先をあらかじめ設定しておき，電気信号に変換することなく，光クロスコネクトが波長に基づいて宛先方路を決定し，光信号のまま宛先ノードまで転送する．一つまたは複数の光クロスコネクトにあらかじめ波長ごとの転送先を決めておくことで生成した通信路を光パスと呼ぶ．

光パスネットワークの例を図 5.8 に示す．ノード A からノード D に波長 λ_1 の光パスが，ノード B からノード C に波長 λ_2 の光パスが設定されている．光クロスコネクト X は，二つの異なる方路から入力があり，波長の異なる二つの光パスを同一の光ファイバに出力している．光クロスコネクト Y は，波長 λ_1 と λ_2 に基づいて宛先方路を決定し，光信号のまま宛先ノードまで転送している．

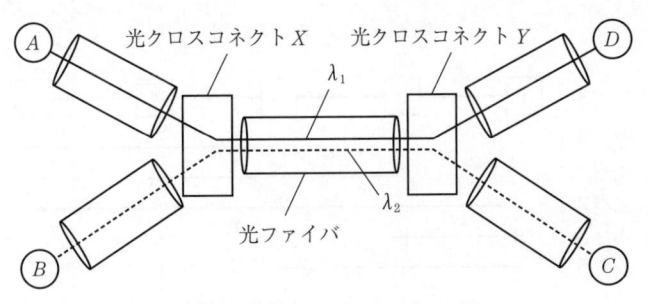

図 5.8 光パスネットワーク

5.3.2 波長割当て問題

光パスネットワークにおいて光パスが要求されたとき，それぞれの光パスに波長を割当てる問題を考える．波長の割当てについて，同一の光ファイバを通過する複数の光パスには，異なる波長が割り当てられなければならない．ネットワーク装置を経済的に実現するために，光パスネットワーク内で使用する波長数を小さくすることが望ましい．波長割当て問題では，必要波長数を最小化することが目的関数となる．

図 5.9 では，5 本の光パスの設定が要求されている．図 5.10 に，光パスの波長割当ての例を示す．この例では，光パスの番号にしたがって波長を割り当てた結果を示している．初めに，光パス 1 に λ_1 を割り当てる．2 番目に，光パス 2 に波長を割り当てる．光パス 2 は，光パス 1 と光ファイバを共有しているので，λ_1 以外の波長である λ_2 を割り当てる．3 番目に，光パス 3 に波長を割り当てる．光パス 3 は，光パス 1，2 と光ファイバを共有しているので，λ_1 と λ_2 以外の波長である λ_3 を割り当てる．4 番目に，光パス 4 に波長を割り当てる．光パス 4 は，ここまで割り当てた光パスの中で光パス 3 としか光ファイバ

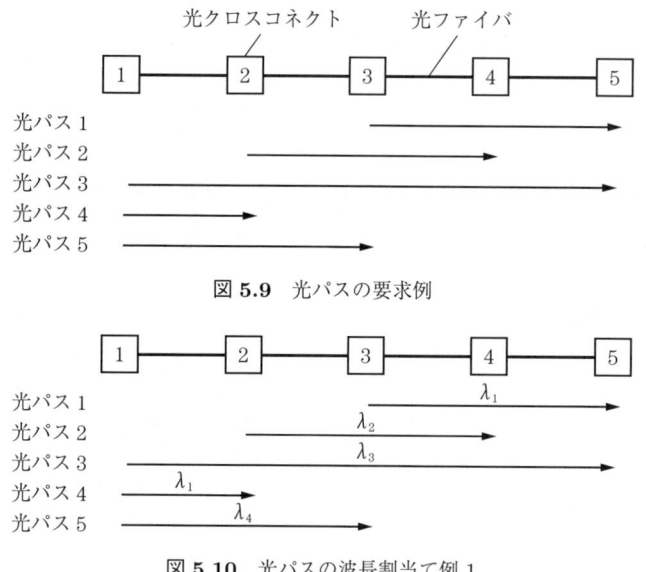

図 5.9 光パスの要求例

図 5.10 光パスの波長割当て例 1

を共有していないので，λ_1，λ_2 が使用可能である．そこで，光パス 4 には，番号の小さい波長である λ_1 を割り当てる．5 番目に，光パス 5 に波長を割り当てる．光パス 5 は，光パス 2，3，4 と光ファイバを共有している．したがって，これらの光パスに対応する波長 λ_2，λ_3，および λ_1 を使用できないため，光パス 5 に新しい波長 λ_4 を割り当てる．図 5.10 の例では，必要波長数が 4 となる．

図 5.9 に示す同様の 5 本の光パス設定要求に対して，**図 5.11** に異なる光パスの波長割当ての例を示す．この例では，光パス 3，光パス 2，光パス 5，光パス 1，光パス 4 の順番に波長を割り当てた結果を示している．初めに，光パス 3 に λ_1 を割り当てる．2 番目に，光パス 2 に波長を割り当てる．光パス 2 は，光パス 3 と光ファイバを共有しているので，λ_1 以外の波長である λ_2 を割り当てる．3 番目に，光パス 5 に波長を割り当てる．光パス 5 は，光パス 3，2 と光ファイバを共有しているので，λ_1 と λ_2 以外の波長である λ_3 を割り当てる．4 番目に，光パス 1 に波長を割り当てる．光パス 1 は，光パス 3，2 と光ファイバを共有しているので，λ_1 と λ_2 以外の波長である λ_3 を割り当てる．5 番目に，光パス 4 に波長を割り当てる．光パス 4 は，光パス 3，5 と光ファイバを共有しているので，λ_1 と λ_3 以外の波長である λ_2 を割り当てる．図 5.11 の例では，必要波長数が 3 となり，図 5.10 における割当て例の必要波長数 4 とは異なる．

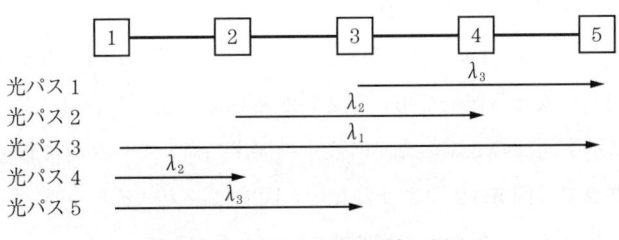

図 5.11 光パスの波長割当て例 2

このように，光パスに波長を割り当てる順番によって，必要波長数が異なる．したがって，必要波長数を最小化するように波長を割り当てる最適化問題を解く必要が生じる．

5.3.3 グラフ彩色化問題

必要波長数を最小化する波長割当て問題は，グラフ彩色化問題として扱うことができる[12]〜[14]。波長割当て問題では，発着ノード間に光パス設定の要求と光パスの経路が与えられている。グラフ彩色化問題では，当該問題のために構成されたグラフのノードに，制約条件を考慮しながら彩色する。

光パス設定の要求に対して，グラフ彩色化問題として扱うグラフがつぎのように構成される[14]。それぞれの光パスが，グラフのノードに対応する。二つの光パス間の関係は，グラフのノード間のリンクに対応する。二つの光パスが異なる波長を用いる必要があれば，ノード間にリンクを設定する。そうでなければ，ノード間にリンクを設定しない。彩色化グラフの生成手順は，つぎのアルゴリズムに従う。

- ステップ1：初期化

    ノードの集合Vとリンクの集合Eを初期化する。

    $V \leftarrow \{\emptyset\}, \quad E \leftarrow \{\emptyset\}$

- ステップ2：ノードの生成

    一つの光パスに対応するノードをvを生成する。vはVに追加される。すべての光パスに対してノード生成を行う。

- ステップ3：リンクの生成

    ノード$v \in V$と$w \in V$に対応する二つの光パスが同一の光ファイバを経由し，異なる波長を用いる必要があれば，リンク(v, w)を生成する。

図5.9に示す同様の5本の光パス設定の要求に対して，グラフ彩色化問題として扱うグラフは図5.12のようになる。図では，ノードv_iが光パスiに対応している。光パスiと光パスjが光ファイバを共有していれば，v_iとv_jの間に

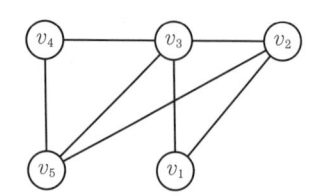

図5.12 彩色化グラフ

リンク (v_i, v_j) が設定されている。(v_i, v_j) が設定された場合，v_i と v_j には同じ波長を割り当てることができない。

5.3.4 整数線形計画問題

5.3.3 項で述べたように，必要波長数を最小化する波長割当て問題は，ノードに波長（色）を割り当てるグラフ彩色化問題に変換される。本項では，グラフ彩色化問題を整数線形計画問題として扱う。

W を波長の集合とする。i 番目の波長を λ_i $(i = 1, 2, \cdots, |W|)$ と表す。0 か 1 の値をとるバイナリ変数 y_λ と x_v^λ を定義する。もし，波長 λ が少なくとも 1 回使用されれば $y_\lambda = 1$ とし，そうでなければ $y_\lambda = 0$ とする。もし，波長 λ が v に対応する光パスに割り当てられれば $x_v^\lambda = 1$ とし，そうでなければ $x_v^\lambda = 0$ とする。

グラフ彩色化問題は，整数線形計画問題として次式で表される。

目的関数　$\min \sum_{\lambda \in W} y_\lambda$ 　(5.9 a)

制約条件　$\sum_{\lambda \in W} x_v^\lambda = 1$ 　$(\forall v \in V)$ 　(5.9 b)

$x_v^\lambda + x_{v'}^\lambda \leq y_\lambda$ 　$(\forall (v, v') \in E, \lambda \in W)$ 　(5.9 c)

$y_{\lambda_i} \geq y_{\lambda_{i+1}}$ 　$(i = 1, 2, \cdots, |W| - 1)$ 　(5.9 d)

$y_\lambda \in \{0, 1\}$ 　$(\forall \lambda \in W)$ 　(5.9 e)

$x_v^\lambda \in \{0, 1\}$ 　$(\forall v \in V, \lambda \in W)$ 　(5.9 f)

式 (5.9 a) は，光パスの必要波長数を最小化することを示している。式 (5.9 b) は，要求されたすべての光パスが一つの波長を使用して設定されることを示している。式 (5.9 c) は，隣接するノードは異なる波長で彩色されることを示している。つまり，同一ファイバを通過する光パスは，異なる波長を使用しなければならない。式 (5.9 d) は，波長の番号 i $(i = 1, 2, \cdots, |W|)$ は，小さい番号から使用していくことを示している。式 (5.9 e) と式 (5.9 f) は，バイナリ変数の条件を示している。

式 (5.9 a)〜(5.9 f) の最適化問題に対するモデルファイルをプログラム **5.5** に，図 5.9 を表した入力ファイルをプログラム **5.6** に示す。

────────── プログラム **5.5** (モデルファイル) ──────────

```
1   /* graph-color-gen.mod */
2
3   /* Given parameters */
4   param N integer, >0 ;
5
6   set V := 1..N ;
7   set E within {V,V} ;
8   set W := 1..N ;
9   set W1 := 1..N-1 ;
10
11  param AM{E} ;
12
13  /* Decision variables */
14  var y{W} binary ;
15  var x{V,W} binary ;
16
17  /* Objective function */
18  minimize NUM_COLOR: sum{i in W} y[i] ;
19
20
21  /* Constraints */
22  s.t. X{v in V}:
23       sum{i in W} x[v,i]= 1 ;
24  s.t. XX{v1 in V, v2 in V, i in W: AM[v1,v2]=1}:
25       x[v1,i]+x[v2,i] <= y[i] ;
26  s.t. YY{i in W1}:
27       y[i] >= y [i+1] ;
28  end ;
```

────────── プログラム **5.6** (入力ファイル) ──────────

```
1   /* graph-color-gen1.dat */
2
3   param N := 5 ;
4
5   param : E : AM :=
6   1 1 0
7   1 2 1
8   1 3 1
9   1 4 0
```

```
10    1 5 0
11    2 1 1
12    2 2 0
13    2 3 1
14    2 4 0
15    2 5 1
16    3 1 1
17    3 2 1
18    3 3 0
19    3 4 1
20    3 5 1
21    4 1 0
22    4 2 0
23    4 3 1
24    4 4 0
25    4 5 1
26    5 1 0
27    5 2 1
28    5 3 1
29    5 4 1
30    5 5 0
31    ;
32    end;
```

　プログラム 5.6 は，図 5.9 の 5 本の光パス設定の要求を示したものである．図 5.12 には，図 5.9 に対応する彩色化グラフが示されている．3 行目では，パラメータ $N = 5$ の値が定義されている．5〜30 行目には，彩色化グラフの隣接行列がパラメータとして設定され，リンクが存在すれば 1，そうでなければ 0 が与えられている．

　'glpsol' を実行すると，v_1 に λ_1，v_2 に λ_2，v_3 に λ_3，v_4 に λ_2，v_5 に λ_1 の波長が割り当てられ，必要波長数の最小値 3 を得る．

5.3.5　高ノード次数優先法

　5.3.4 項で述べた整数線形計画問題は，要求される光パス数が多くなると計算が困難になることがある．そこで，光パス数が多くなっても計算可能な発見的な手法である高ノード次数優先（largest degree first, LDF）法について説明する．高ノード次数優先法では，彩色化グラフにおいて，接続されているリン

ク数(ノード次数と呼ぶ)が大きいノードを優先して,波長を割り当てていく。

以下で,高ノード次数優先法の動作例を説明する。図5.12で構築された彩色化グラフに対して,波長を割り当てることを考える。図5.12においてノード次数の大きい順番にノードを並べていくと,v_3, v_2, v_5, v_1, v_4 となる。ただし,同じノード次数の場合は,ノード番号の小さい方を優先させている。1回目(図 **5.13**(a))では,優先度の最も高い v_3 に λ_1 を割り当てる。2回目(図(b))で,v_2 に波長を割り当てる。v_2 は v_3 とリンクで接続されているので,λ_1 以外の波長 λ_2 を割り当てる。3回目(図(c))で,v_5 に波長を割り当てる。v_5 は v_3, v_2

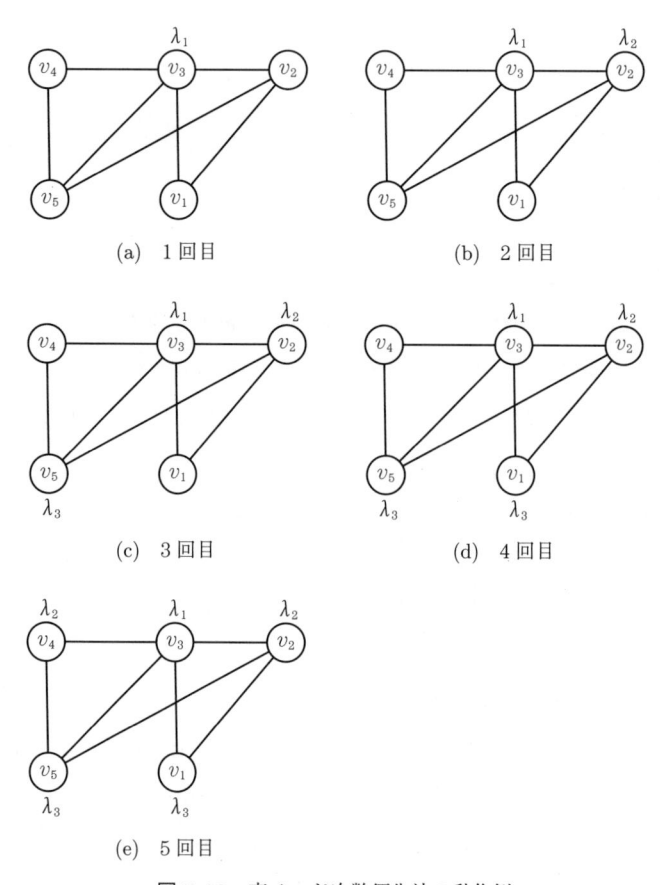

図 **5.13** 高ノード次数優先法の動作例

とリンクで接続されているので，λ_1 と λ_2 以外の波長 λ_3 を割り当てる。4回目（図 (d)）で，v_1 に波長を割り当てる。v_1 は v_2, v_3 とリンクで接続されているので，λ_1 と λ_2 以外の波長 λ_3 を割り当てる。5回目（図 (e)）で，v_4 に波長を割り当てる。v_4 は v_3, v_5 とリンクで接続されているので，λ_1 と λ_3 以外の波長 λ_2 を割り当てる。すべてのノードに波長を割り当てた結果，必要波長数は 3 となる。

章 末 問 題

【1】 図 5.14 のネットワークにおいて，ノード 1 からノード 12 までの経路の距離の合計が最も短くなるような 2 本の独立経路を求めよ。

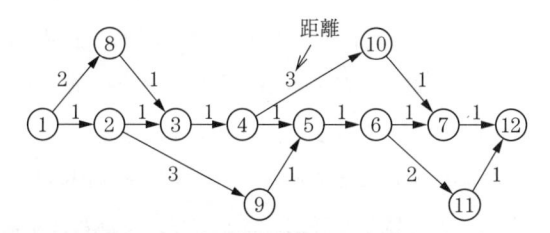

図 5.14 独立経路問題のネットワーク

【2】 図 5.15 の光パスネットワークにおいて，5 本の光パスの設定が要求されている。必要な波長数が最も小さくなるように，各光パスに波長を割り当てよ。

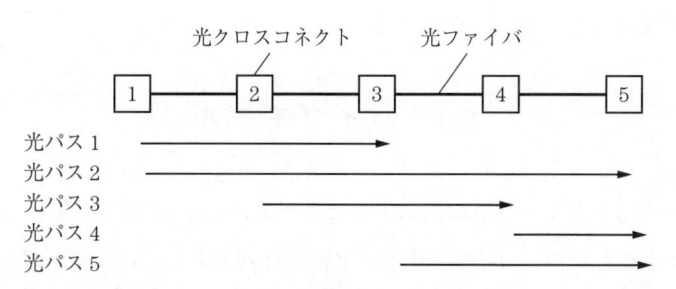

図 5.15 波長割当て問題の光パスネットワーク

6 トラヒック需要モデルと経路選択問題

通信したいトラヒックの要求量をトラヒック需要と呼ぶ。発着ノード間のトラヒック需要は，すべてを直接計測して求めたり，一部の測定データから推定することによって与えられる。適切な経路選択を行うことにより，ネットワーク資源を有効活用するとともに，ネットワーク上で転送できる通信量を増加させることができる。それは，ネットワークの混雑を抑制し，予測が難しいトラヒック需要の変動に対して，耐久性のあるネットワークを提供することになる[15]。経路選択性能を高める一つの有益なアプローチは，ネットワーク内のリンクの使用率の最大値を最小にすることである。ネットワーク内のリンクの使用率の最大値を，ネットワーク混雑率と呼ぶ。ネットワーク混雑率を最小にすることは，追加可能なトラヒック量を最大化することを意味する。

本章では，いくつかのトラヒック需要モデルに対して，ネットワーク混雑率を最小化する問題を扱う。トラヒック需要をより正確に把握すると，ネットワーク混雑率を小さくすることができる。

6.1 パイプモデル

発ノード p と着ノード q の間のトラヒック需要を t_{pq} と書く。$T = \{t_{pq}\}$ は，t_{pq} を成分とする $N \times N$ のトラヒック需要行列である。ここで，N はネットワーク内のノード数である。t_{pq} の値を正確に把握できる場合，このトラヒック需要モデルをパイプモデル，または，トラヒック行列モデルと呼ぶ[16]~[18]。

ネットワークを，有効グラフ $G(V, E)$ で表す。V はノードの集合であり，E

はリンクの集合である．$Q \subseteq V$ は，エッジノードの集合である．トラヒックは，エッジノードを介してネットワークに流入したり，ネットワークから流出したりする．ノード i からノード j へのリンクを $(i,j) \in E$ と表す．c_{ij} は，$(i,j) \in E$ の容量である．(i,j) を通るトラヒック量を y_{ij} で表す．x_{ij}^{pq} は，(i,j) を通るノード $p \in Q$ からノード $q \in Q$ へのトラヒック量の割合である．x_{ij}^{pq} の範囲は，$0 \leq x_{ij}^{pq} \leq 1$ である．$\boldsymbol{X} = \{x_{ij}^{pq}\}$ は，x_{ij}^{pq} を成分とする4次元の経路行列である．$\{\boldsymbol{X}\}$ は，$\boldsymbol{X}$ の集合である．$x_{ij}^{pq} > 0$ は，t_{pq} の経路の一つに (i,j) が含まれていることを意味する．$x_{ij}^{pq} = 0$ は，t_{pq} の経路に (i,j) が含まれていないことを意味する．$0 < x_{ij}^{pq} < 1$ の場合，t_{pq} は複数の経路を選択している．

ネットワーク混雑率 r は，ネットワークの各リンクの使用率の最大値であり，次式のように定義できる．

$$r = \max_{(i,j) \in E} \left(\frac{y_{ij}}{c_{ij}} \right) \tag{6.1}$$

ただし，$0 \leq r \leq 1$ である．現在の経路が変化しない条件で，ネットワーク上に流れているトラヒック t_{pq} に対して，リンク容量を超えないように追加できる最大のトラヒック量は，$\{(1-r)/r\}t_{pq}$ である．$\{(1-r)/r\}t_{pq}$ が t_{pq} に追加されることにより，全体のトラヒック量は，$(1/r)t_{pq}$ となり，更新されるネットワーク混雑率は1となる．追加可能なトラヒック量 $\{(1-r)/r\}t_{pq}$ を最大化することは，r を最小化することである．したがって本章では，経路選択において r を最小化する問題を扱う．

パイプモデルにおいて，ネットワーク混雑率を最小にする経路を求める問題は，次式の最適化問題として定式化される[19]．これは線形計画問題である．

$$\text{目的関数} \quad \min \quad r \tag{6.2a}$$

$$\text{制約条件} \quad \sum_{j:(i,j) \in E} x_{ij}^{pq} - \sum_{j:(j,i) \in E} x_{ji}^{pq} = 0$$
$$(\forall p, q \in Q, i \neq p, i \neq q) \tag{6.2b}$$

$$\sum_{j:(i,j) \in E} x_{ij}^{pq} - \sum_{j:(j,i) \in E} x_{ji}^{pq} = 1$$
$$(\forall p, q \in Q, i = p) \tag{6.2c}$$

$$\sum_{p,q \in Q} t_{pq} x_{ij}^{pq} \leqq c_{ij} r \qquad (\forall (i,j) \in E) \qquad (6.2\,\text{d})$$

$$0 \leqq x_{ij}^{pq} \leqq 1 \qquad (\forall p, q \in Q, (i,j) \in E) \qquad (6.2\,\text{e})$$

$$0 \leqq r \leqq 1 \qquad\qquad\qquad\qquad (6.2\,\text{f})$$

決定変数は，r と x_{ij}^{pq} である。与えられるパラメータは，t_{pq} と c_{ij} である。式 (6.2a) における目的関数は，ネットワーク混雑率 r を最小化する。式 (6.2b)～(6.2f) が制約条件である。式 (6.2b) と式 (6.2c) は，フローの保存を示している。式 (6.2b) は，ノード i が発ノード p でも着ノード q でもない場合，ノード i に流入するトラヒック量の総和は，ノード i から流出するトラヒック量の総和に等しいことを示す。式 (6.2c) は，ノード i が発ノード p である場合（つまり，$i=p$)，ノード i から流出するトラヒック量の総和が 1 であることを示している。式 (6.2b) と式 (6.2c) が成り立っていれば，着ノード q のフロー保存が成り立っている。式 (6.2d) は，(i,j) を通るトラヒックの総和が c_{ij} 以下であることを示す。

しかし，パイプモデルに関し，ネットワーク運用者が t_{pq} を正確に把握することは困難となる場合がある。例えば，IP ネットワークにおいて t_{pq} を測定するためには，発ノード p で，通過する IP パケットのヘッダに記載されている宛先アドレスを調べて着ノードを特定する必要があり，測定の負荷が大きい。また，トラヒック需要を予測する場合でも，個々の t_{pq} を正確に予測することは困難である[20]～[23]。

6.2　ホースモデル

ネットワーク運用者は，発ノード p からネットワークへの流出トラヒック量の総和，および，ネットワークから着ノード q への流入トラヒック量の総和を容易に測定するができる。t_{pq} の測定のように，発ノード p で，通過する IP パケットのヘッダに記載されている宛先アドレスを調べて着ノードを特定する必要がなく，発ノード p を通過するトラヒック量を観測すればよいためである。

6.2 ホースモデル

発ノード p からネットワークへの流出トラヒック量の総和の上限値を α_p, ネットワークから着ノード q への流入トラヒック量の総和の上限値を β_q とすると，次式の関係式が成り立つ.

$$\sum_{q \in Q} t_{pq} \leqq \alpha_p \qquad (\forall p \in Q) \tag{6.3a}$$

$$\sum_{p \in Q} t_{pq} \leqq \beta_q \qquad (\forall q \in Q) \tag{6.3b}$$

$\boldsymbol{T} = \{t_{pq}\}$ が式 (6.3a)～(6.3b) で規定されるトラヒック需要モデルをホースモデルと呼ぶ[16]～[18].

ホースモデルは，t_{pq} を特定する必要がなく，$\boldsymbol{T} = \{t_{pq}\}$ を α_p と β_q により規定すればよいので，ネットワーク規模が大きくなっても，ネットワーク運用者にとって測定の負担が少ない．さらに，ホースモデルは，トラヒック流出量とトラヒック流入量の総和のみを使用し，おのおのの t_{pq} に変動があっても許容されるため，トラヒック需要の変動や不確かさに強い経路選択を提供できる．このような経路選択をオブリビアスルーチング (oblivious routing)[23]～[27] と呼ぶ.

ホースモデルにおいて，ネットワーク混雑率を最小にする経路を求める問題は，パイプモデルと同様に，式 (6.2a)～(6.2f) の最適化問題として定式化される．決定変数は r と x_{ij}^{pq} である．与えられるパラメータは，t_{pq} と c_{ij} である．しかしながら，$\boldsymbol{T} = \{t_{pq}\}$ は，式 (6.3a), (6.3b) の範囲のみが規定されている．

$\{\boldsymbol{T}\}$ を，$\boldsymbol{T}$ のとり得る範囲の集合と定義する．ネットワーク運用者にとって，安定的なネットワーク運用のために，$\boldsymbol{T}$ が $\{\boldsymbol{T}\}$ の範囲で変化する可能性があったとしても，経路 $\boldsymbol{X}$ を変化させないことが望ましい．したがって，ネットワーク混雑率が最大となる最悪のトラヒック条件で，最悪の場合のネットワーク混雑率を最小化する経路を選択することが求められる．

オブリビアスルーチングでは，次式の経路選択問題を扱う.

$$\max_{\boldsymbol{T} \in \{\boldsymbol{T}\}} \min_{\boldsymbol{X} \in \{\boldsymbol{X}\}} r \tag{6.4}$$

最適な r と $\boldsymbol{X}$ を求めるために，第 1 に，$\boldsymbol{T} \in \{\boldsymbol{T}\}$ が与えられた条件の下で，

$\min_{\boldsymbol{X}\in\{\boldsymbol{X}\}} r$ を考える。$\boldsymbol{T}$ が与えられれば，最適化問題（式 (6.2a)～(6.2f)）を解くことによって r を最小にする経路を求められる．第 2 に，式 (6.4) における $\max_{\boldsymbol{T}\in\{\boldsymbol{T}\}}$ の問題を扱う．

パイプモデルでは，式 (6.2a)～(6.2f) を単純な線形計画問題として扱うことができる．しかし，制約条件の式 (6.2d) は，式 (6.3a)，(6.3b) で規定されるすべての $\boldsymbol{T} = \{t_{pq}\}$ を考慮しなければならないため，すべての t_{pq} の組合せについて線形計画問題を解く必要が生じ，不可能である．これは，つぎの性質 1 を用いることにより，通常の線形計画問題に変換することでがきる．

性質 1. x_{ij}^{pq} が，式 (6.3a)，(6.3b) で規定された $\boldsymbol{T} = \{t_{pq}\}$ のすべてのトラヒック需要行列に対して，ネットワーク混雑率 $\leq r$ となる必要十分条件は，非負のパラメータ $\pi_{ij}(p), \lambda_{ij}(p)$ が，すべての $(i,j) \in E$ に対して

(i) $\sum_{p\in Q} \alpha_p \pi_{ij}(p) + \sum_{p\in Q} \beta_p \lambda_{ij}(p) \leq c_{ij} r$
(ii) $x_{ij}^{pq} \leq \pi_{ij}(p) + \lambda_{ij}(q)$

を満足することである．

$\pi_{ij}(p)$ と $\lambda_{ij}(p)$ は，双対定理（2.4 節参照）を用いた場合，主問題から双対問題に変換する際に生成される決定変数である．条件 (i) は，主問題の目的関数 $\sum_{p,q\in Q} x_{ij}^{pq} t_{pq}$ に対する双対問題の目的関数である．条件 (ii) は，双対問題の制約条件である．以下に，性質 1 の証明を示す[20), 21)]．

性質 1 の証明：

必要条件の証明：ホースモデルのトラヒック需要条件に対して，ネットワーク混雑率 $\leq r$ となる経路を x_{ij}^{pq} とする．つまり

$$\sum_{p,q\in Q} x_{ij}^{pq} t_{pq} \leq c_{ij} r \qquad (\forall (i,j) \in E) \tag{6.5}$$

が成り立つ．

(i,j) を通過するトラヒック量を最大にする $\boldsymbol{T} = \{t_{pq}\}$ を求める問題は，つぎの線形計画問題として定式化される．

6.2 ホースモデル

$$\text{目的関数} \quad \max \sum_{p,q \in Q} x_{ij}^{pq} t_{pq} \tag{6.6a}$$

$$\text{制約条件} \quad \sum_{q \in Q} t_{pq} \leq \alpha_p \quad (\forall p \in Q) \tag{6.6b}$$

$$\sum_{p \in Q} t_{pq} \leq \beta_q \quad (\forall q \in Q) \tag{6.6c}$$

ここで，決定変数は t_{pq} である．与えられるパラメータは，$x_{ij}^{pq}, \alpha_p, \beta_q$ である．(i, j) に対して，式 (6.6a)〜(6.6c) の主問題の双対問題は，次式で表される．

$$\text{目的関数} \quad \min \sum_{p \in Q} \alpha_p \pi_{ij}(p) + \sum_{p \in Q} \beta_p \lambda_{ij}(p) \tag{6.7a}$$

$$\text{制約条件} \quad x_{ij}^{pq} \leq \pi_{ij}(p) + \lambda_{ij}(q)$$

$$(\forall p, q \in Q, (i,j) \in E) \tag{6.7b}$$

$$\pi_{ij}(p) \geq 0, \ \lambda_{ij}(p) \geq 0$$

$$(\forall p, q \in Q, (i,j) \in E) \tag{6.7c}$$

式 (6.7a)〜(6.7c) の導出を，巻末の付録 A.1 に示す．主問題の目的関数の最大値 $\sum_{p,q \in Q} x_{ij}^{pq} t_{pq} \leq c_{ij} r$ (式 (6.6a)) と，双対問題の目的関数の最小値 $\sum_{p \in Q} \alpha_p \pi_{ij}(p) + \sum_{p \in Q} \beta_p \lambda_{ij}(p)$ (式 (6.7a)) は，どの (i,j) に対しても等しくなる．すなわち，条件 (i) が成立する．条件 (ii) は，双対問題の制約条件の式 (6.7b) により，成立する．

十分条件の証明：経路を x_{ij}^{pq}，$\boldsymbol{T} = \{t_{pq}\}$ をトラヒック需要行列とする．$\pi_{ij}(p), \lambda_{ij}(p)$ を，条件 (i), (ii) を満足するパラメータとする．ある $(i,j) \in E$ に対して，条件 (ii) より

$$x_{ij}^{pq} \leq \pi_{ij}(p) + \lambda_{ij}(q) \tag{6.8}$$

を得る．すべての発着ノードの組 (p,q) に関して，$x_{ij}^{pq} t_{pq}$ の和をとる．

$$\sum_{p,q \in Q} x_{ij}^{pq} t_{pq} \leq \sum_{p,q \in Q} [\pi_{ij}(p) + \lambda_{ij}(q)] t_{pq}$$

$$= \sum_{p \in Q} \pi_{ij}(p) \sum_{q \in Q} t_{pq} + \sum_{q \in Q} \lambda_{ij}(q) \sum_{p \in Q} t_{pq}$$

$$\leqq \sum_{p \in Q} \alpha_p \pi_{ij}(p) + \sum_{p \in Q} \beta_p \lambda_{ij}(p)$$

最後の不等式の導出においては，ホースモデルの条件式 (6.3a), (6.3b) を用いた。条件 (i) より

$$\sum_{p,q \in Q} x_{ij}^{pq} t_{pq} \leqq \sum_{p \in Q} \alpha_p \pi_{ij}(p) + \sum_{p \in Q} \beta_p \lambda_{ij}(p) \leqq c_{ij} r$$

を得る。これは，ホースモデルで規定されたどのトラヒック需要に対しても，リンクの負荷は r を超えないことを意味している。■

性質 1 により，最適化問題 (式 (6.2a)〜(6.2f)) における制約条件の式 (6.2d) を，つぎのように，性質 1 の条件 (i), (ii) で置き換えることができる。

目的関数 $\quad \min \quad r \hfill (6.9\,\mathrm{a})$

制約条件
$$\sum_{j:(i,j) \in E} x_{ij}^{pq} - \sum_{j:(j,i) \in E} x_{ji}^{pq} = 0$$
$$(\forall p, q \in Q, i \neq p, q) \hfill (6.9\,\mathrm{b})$$

$$\sum_{j:(i,j) \in E} x_{ij}^{pq} - \sum_{j:(j,i) \in E} x_{ji}^{pq} = 1$$
$$(\forall p, q \in Q, i = p) \hfill (6.9\,\mathrm{c})$$

$$\sum_{p \in Q} \alpha_p \pi_{ij}(p) + \sum_{p \in Q} \beta_p \lambda_{ij}(p) \leqq c_{ij} r$$
$$(\forall (i,j) \in E) \hfill (6.9\,\mathrm{d})$$

$$x_{ij}^{pq} \leqq \pi_{ij}(p) + \lambda_{ij}(q) \quad (\forall p, q \in Q, (i,j) \in E) \hfill (6.9\,\mathrm{e})$$

$$\pi_{ij}(p) \geqq 0, \ \lambda_{ij}(p) \geqq 0 \quad (\forall p \in Q, (i,j) \in E) \hfill (6.9\,\mathrm{f})$$

$$0 \leqq x_{ij}^{pq} \leqq 1 \quad (\forall p, q \in Q, (i,j) \in E) \hfill (6.9\,\mathrm{g})$$

$$0 \leqq r \leqq 1 \hfill (6.9\,\mathrm{h})$$

決定変数は $r, x_{ij}^{pq}, \pi_{ij}(p), \lambda_{ij}(p)$，与えられるパラメータは $c_{ij}, \alpha_p, \beta_q$ である。式 (6.2d) は，式 (6.9d)〜(6.9f) によって置き換えられる。新しい決定変数 $\pi_{ij}(p), \lambda_{ij}(p)$ を導入することにより，ホースモデルの条件式 (6.3a)〜(6.3b)

は最適化問題に組み込まれる．式 (6.9 a)～(6.9 h) は通常の線形計画問題であり，標準の線形計画問題のソフトウェアによって解くことができる．

しかしホースモデルは，パイプモデルに比べて測定負荷が小さいという利点があるが，経路選択においてとり得るトラヒック需要の範囲を考慮しなければならないため，最悪の場合のネットワーク混雑率が大きくなる．図 6.1 のネットワークに対して，パイプモデルとホースモデルのネットワーク混雑率を比較する．トラヒック需要とリンク容量の条件をランダムに 100 パターン生成し，それぞれのネットワーク混雑率の平均値を比較する．α_p と β_q の値は，$\alpha_p = \sum_q t_{pq}$，$\beta_q = \sum_p t_{pq}$ とする．図 6.2 は，両モデルのネットワーク混雑率の比較を行う

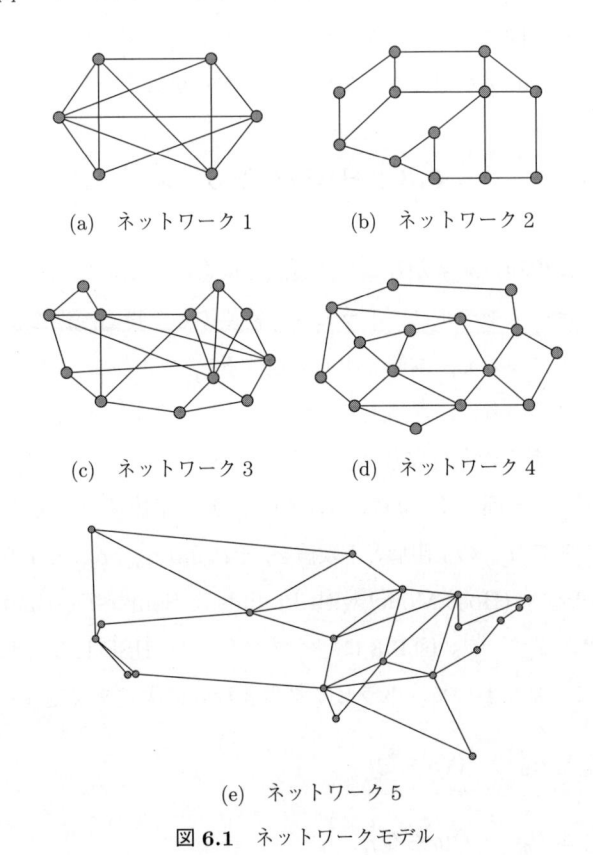

(a) ネットワーク 1 (b) ネットワーク 2

(c) ネットワーク 3 (d) ネットワーク 4

(e) ネットワーク 5

図 6.1　ネットワークモデル

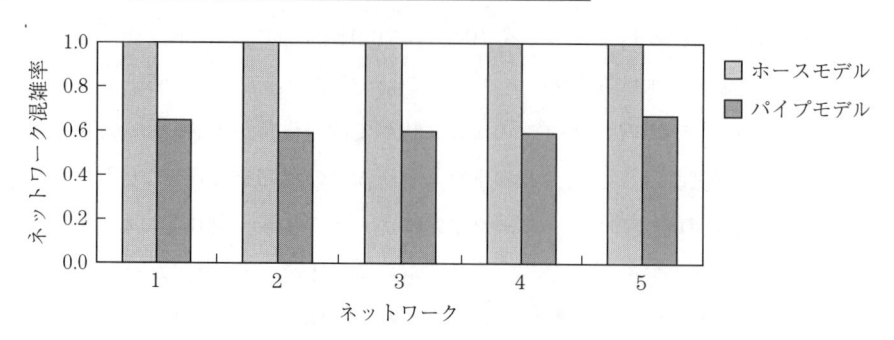

図 6.2 パイプモデルとホースモデルによるネットワーク混雑率の比較

ために，ホースモデルのネットワーク混雑率で規格化されたネットワーク混雑率を示している。図より，パイプモデルのネットワーク混雑率は，ホースモデルに比べて 30 〜 40 ％小さくなっていることがわかる[28),29)]。

6.3 HSDT モデル

ホースモデルの利点を生かしつつ，最悪の場合のネットワーク混雑率を低減するために，ホースモデルに，トラヒック需要のとり得る範囲を狭める条件を付与するモデルについて，本節と次節で述べる。

ネットワーク運用者は，運用上の経験や過去のトラヒック需要の測定データから，ホースモデルの条件に加えて，発ノード p から着ノード q までのトラヒック需要 t_{pq} の範囲，すなわち，t_{pq} の上限値と下限値を与えることができる[30)〜32)]。ここで，t_{pq} の上限値と下限値を，それぞれ γ_{pq}, δ_{pq} とする。このモデルを HSDT モデル (Hose Model with Bounds of Source-Destination Traffic Demands) と呼ぶ[28),29)]。図 6.3 にパイプ，ホース，HSDT モデルの特徴を示す。HSDT モデルにおいて，トラヒック需要行列は次式で規定される。

$$\sum_{q \in Q} t_{pq} \leqq \alpha_p \qquad (\forall p \in Q) \qquad (6.10\,\mathrm{a})$$

$$\sum_{p \in Q} t_{pq} \leqq \beta_q \qquad (\forall q \in Q) \qquad (6.10\,\mathrm{b})$$

6.3 HSDT モデル

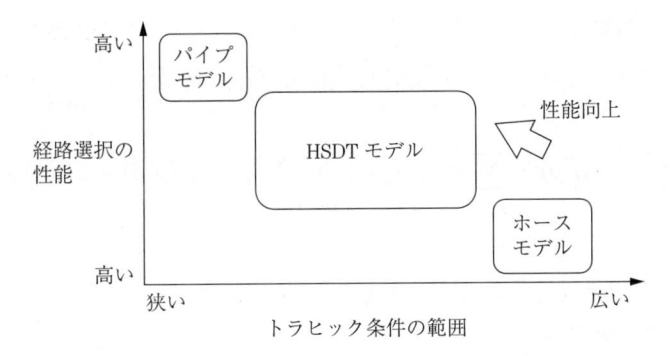

図 6.3 パイプモデル,ホースモデル,HSDT モデルの特徴

$$\delta_{pq} \leq t_{pq} \leq \gamma_{pq} \qquad (\forall p,q \in Q) \tag{6.10c}$$

γ_{pq} と δ_{pq} を与えるやり方として,以下の方式がある。第 1 の方式は,リンクを通過するトラヒック量の測定結果をもとに,トラヒック需要行列を推定し,その推定誤差の範囲として上限値と下限値を決定する[33]。第 2 の方式は,ネットワーク運用の結果から,トラヒックの変動を予測したり,発着ノードの地域性を考慮したりして上限値と下限値を与える。

t_{pq} の範囲が正確に把握できない場合は,ネットワークの混雑が起こらないように,安全側に大きめの範囲を与えておけばよい。t_{pq} の範囲が大きくても,HSDT モデルは,α_p と β_q により,トラヒック需要のとり得る範囲が制限されるので,ホースモデルのネットワーク混雑率より悪くなることはない。

ホースモデルと同様,式 (6.4) の最適化問題で定義されるように,HSDT モデルでは,式 (6.10a)〜(6.10c) の範囲における最悪のトラヒック条件で,ネットワーク混雑率を最小化する経路を選択する。HSDT モデルを想定した最適化問題 (6.2a)〜(6.2f) は,HSDT モデルの範囲内で考慮すべきパラメータ t_{pq} が出現しないように,つぎの性質 2 を用いることにより,通常の線形計画問題に変換できる。

性質 2. x_{ij}^{pq} が,式 (6.10a)〜(6.10b) で規定された $\boldsymbol{T} = \{t_{pq}\}$ のすべての

トラヒック需要行列に対して，ネットワーク混雑率 $\leq r$ となる必要十分条件は，非負のパラメータ $\pi_{ij}(p)$, $\lambda_{ij}(p)$, $\eta_{ij}(p,q)$, $\theta_{ij}(p,q)$ が，すべての $(i,j) \in E$ に対して

(i) $\displaystyle \sum_{p \in Q} \alpha_p \pi_{ij}(p) + \sum_{p \in Q} \beta_p \lambda_{ij}(p) + \sum_{p \in Q}\sum_{q \in Q}[\gamma_{pq}\eta_{ij}(p,q) - \delta_{pq}\theta_{ij}(p,q)]$
$\leq c_{ij} r$

(ii) $x_{ij}^{pq} \leq \pi_{ij}(p) + \lambda_{ij}(q) + \eta_{ij}(p,q) - \theta_{ij}(p,q)$

を満足することである。

つぎの主問題と双対問題の変換を用いることにより，性質1の証明と同様に，性質2が証明できる。

(i,j) を通過するトラヒック量を最大にする $\boldsymbol{T} = \{t_{pq}\}$ を求める問題は，つぎの線形計画問題として定式化される。

目的関数 $\quad \max \displaystyle\sum_{p,q \in Q} x_{ij}^{pq} t_{pq}$ \hfill (6.11 a)

制約条件 $\quad \displaystyle\sum_{q \in Q} t_{pq} \leq \alpha_p \qquad (\forall p \in Q)$ \hfill (6.11 b)

$\displaystyle\sum_{p \in Q} t_{pq} \leq \beta_q \qquad (\forall q \in Q)$ \hfill (6.11 c)

$\delta_{pq} \leq t_{pq} \leq \gamma_{pq} \qquad (\forall p,q \in Q)$ \hfill (6.11 d)

ここで，決定変数は t_{pq} である。与えられるパラメータは，x_{ij}^{pq}, α_p, β_q である。(i,j) に対して，式 (6.6 a)～(6.6 c) の主問題の双対問題は，次式で表される。

目的関数 $\quad \min \displaystyle\sum_{p \in Q} \alpha_p \pi_{ij}(p) + \sum_{p \in Q} \beta_p \lambda_{ij}(p)$
$+ \displaystyle\sum_{p,q \in Q} [\gamma_{pq}\eta_{ij}(p,q) - \delta_{pq}\theta_{ij}(p,q)]$ \hfill (6.12 a)

制約条件 $\quad x_{ij}^{pq} \leq \pi_{ij}(p) + \lambda_{ij}(q) + \eta_{ij}(p,q) - \theta_{ij}(p,q)$
$(\forall p,q \in Q, (i,j) \in E)$ \hfill (6.12 b)

6.3 HSDT モデル

$$\pi_{ij}(p) \geqq 0, \;\; \lambda_{ij}(p) \geqq 0, \;\; \eta_{ij}(p,q) \geqq 0, \;\; \theta_{ij}(p,q) \geqq 0$$
$$(\forall p, q \in Q, (i,j) \in E) \tag{6.12c}$$

式 (6.12a)〜(6.12c) の導出を，巻末の付録 A.2 に示す．主問題の目的関数の最大値 $\sum_{p,q \in Q} x_{ij}^{pq} t_{pq} \leqq c_{ij} r$ （式 (6.6a)）と，双対問題の目的関数の最小値 $\sum_{p \in Q} \alpha_p \pi_{ij}(p) + \sum_{p \in Q} \beta_p \lambda_{ij}(p) + \sum_{p,q \in Q} [\gamma_{pq} \eta_{ij}(p,q) - \delta_{pq} \theta_{ij}(p,q)]$（式 (6.7a)）は，どの (i,j) に対しても等しくなる．

性質 2 により，最適化問題（式 (6.2a)〜(6.2f)）における制約条件である式 (6.2d) を，つぎのように，性質 2 の条件 (i), (ii) を用いて t_{pq} が出現しない制約条件に置き換えることができる．

目的関数 $\min \;\; r$ (6.13a)

制約条件
$$\sum_{j:(i,j) \in E} x_{ij}^{pq} - \sum_{j:(j,i) \in E} x_{ji}^{pq} = 0$$
$$(\forall p, q \in Q, i \neq p, q) \tag{6.13b}$$

$$\sum_{j:(i,j) \in E} x_{ij}^{pq} - \sum_{j:(j,i) \in E} x_{ji}^{pq} = 1$$
$$(\forall p, q \in Q, i = p) \tag{6.13c}$$

$$\sum_{p \in Q} \alpha_p \pi_{ij}(p) + \sum_{p \in Q} \beta_p \lambda_{ij}(p)$$
$$+ \sum_{p,q \in Q} [\gamma_{pq} \eta_{ij}(p,q) - \delta_{pq} \theta_{ij}(p,q)] \leqq c_{ij} r$$
$$(\forall (i,j) \in E) \tag{6.13d}$$

$$x_{ij}^{pq} \leqq \pi_{ij}(p) + \lambda_{ij}(q) + \eta_{ij}(p,q) - \theta_{ij}(p,q)$$
$$(\forall p, q \in Q, (i,j) \in E) \tag{6.13e}$$

$$\pi_{ij}(p) \geqq 0, \;\; \lambda_{ij}(p) \geqq 0, \;\; \eta_{ij}(p,q) \geqq 0, \;\; \theta_{ij}(p,q) \geqq 0$$
$$(\forall p, q \in Q, (i,j) \in E) \tag{6.13f}$$

$$0 \leqq x_{ij}^{pq} \leqq 1 \quad (\forall p, q \in Q, (i,j) \in E) \tag{6.13g}$$

$$0 \leqq r \leqq 1 \tag{6.13h}$$

決定変数は，$r, x_{ij}^{pq}, \pi_{ij}(p), \lambda_{ij}(p), \eta_{ij}(p,q), \theta_{ij}(p,q)$ である．与えられるパラメータは，$c_{ij}, \alpha_p, \beta_q, \delta_{pq}, \gamma_{pq}$ である．式 (6.2 d) は，式 (6.13 d)～(6.13 f) によって置き換えられる．新しい決定変数 $\pi_{ij}(p), \lambda_{ij}(p), \eta_{ij}(p,q), \theta_{ij}(p,q)$ を導入することにより，HSDT モデルの条件式 (6.10 a)～(6.10 c) は最適化問題に組み込まれる．式 (6.13 a)～(6.13 h) は，通常の線形計画問題であり，標準の線形計画問題のソフトウェアにより，解くことができる．

図 6.1(c) のネットワーク 3 に対して，HSDT モデルのネットワーク混雑率を，シミュレーションを用いて，ホースモデルやホースモデルのネットワーク混雑率と比較する．トラヒック需要とリンク容量の条件は，6.2 節で述べた条件と同様である．α_p と β_q の値はそれぞれ，$\alpha_p = \sum_q t_{pq}, \beta_q = \sum_p t_{pq}$ とする．μ と ν をパラメータとして導入し，$\gamma_{pq} = (1/\mu)t_{pq}, \delta_{pq} = \nu t_{pq}$ とする．ここで，$0 < \mu \leq 1, 0 \leq \nu \leq 1$ である．

図 **6.4** は，両モデルのネットワーク混雑率の比較を行うために，ホースモデルのネットワーク混雑率により規格化されたネットワーク混雑率を示している．HSDT モデルのネットワーク混雑率は，パイプモデルとホースモデルのネットワーク混雑率の間に位置する．$(\mu,\nu) \to (1,1)$ の場合，t_{pq} の上限値と下限値の差が 0 に近づくので，HSDT モデルはパイプモデルに近づく．また，$(\mu,\nu) \to (0,0)$ の場合，上限値と下限値の差が大きくなり，ホースモデルによ

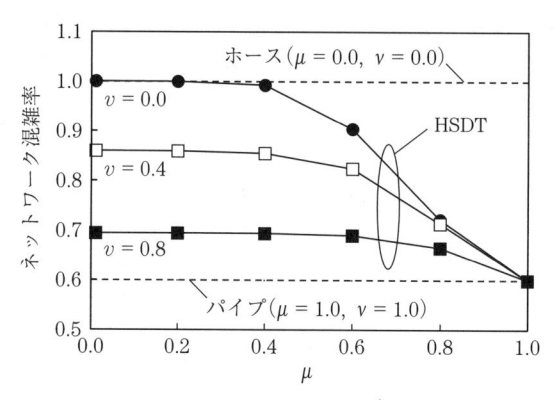

図 **6.4** HSDT モデルのネットワーク混雑率

るトラヒック需要の規定のみになるので，HSDT モデルはホースモデルに近づく．例えば，$(\mu, \nu) = (0.8, 0.8)$ の場合，HSDT モデルは，ホースモデルと比較してネットワーク混雑率を 34 % 低減している．この場合，上限値のマージン $(1/\mu - 1)$ は 25 % $(= (1/0.8 - 1) \times 100)$，下限値のマージン $(1 - \nu)$ は 20 % $(= (1 - 0.8) \times 100)$ である．このように，HSDT モデルにおいて，上限値と下限値をできるだけ精度よく与えることにより，ネットワーク混雑率を低減することができる．

6.4 HLT モデル

HSDT モデルでは，ノード p–q 間のトラヒック需要 t_{pq} の範囲に関し，ホースモデルに対して t_{pq} の上限値と下限値を与えることにより，ネットワーク混雑率の低減を図っていた．しかし，その上限値と下限値の範囲の規定には，統計的データや経験に基づく予測が必要とされ，明確な範囲の規定方法が存在しない．本節では，ホースモデルに対して，リンクを通過するトラヒック量を測定した情報を追加する，トラヒック需要の範囲の規定法について述べる．本モデルを，HLT モデル (Hose Model with Link-Traffic Bounds) と呼ぶ[34]．

リンクを通過するトラヒック量の測定は，t_{pq} の測定と比較して容易である．それは，6.1 節で述べたように，IP ネットワークにおいて t_{pq} を測定するためには，発ノード p で，通過する IP パケットのヘッダに記載されている宛先アドレスを調べて着ノードを特定する必要があり，測定の負荷が大きいためである．一方，リンク上を通過するトラヒック量の測定では，通過する IP パケットのヘッダに記載されている宛先アドレスを調べて着ノードを特定する必要がなく，当該リンクを通過するトラヒック量を観測すればよいためである．

HLT モデルによるトラヒック需要は，次式で規定される．

$$\sum_{q \in Q} t_{pq} \leq \alpha_p \qquad (\forall p \in Q) \tag{6.14a}$$

$$\sum_{p \in Q} t_{pq} \leq \beta_q \qquad (\forall q \in Q) \tag{6.14b}$$

$$\sum_{p,q \in Q} a_{ij}^{pq} t_{pq} \leq y_{ij} \qquad (\forall (i,j) \in E) \tag{6.14c}$$

式 (6.14a)〜(6.14b) は，ホースモデルの条件である．式 (6.14c) は，HLT モデルにおいてホースモデルに追加された，(i,j) を通過するトラヒック量を規定する条件である．a_{ij}^{pq} は，発ノード p から着ノード q へのトラヒックのうち (i,j) を通過する割合である（$0 \leq a_{ij}^{pq} \leq 1$）．$y_{ij}$ は，(i,j) を通過するトラヒック量の上限値である．トラヒック需要のとり得る範囲は，式 (6.14c) の追加により，ホースモデルでの範囲よりも狭くなる．

ホースモデルや HSDT モデルと同様に，式 (6.4) の最適化問題で定義されるように，HLT モデルでは，式 (6.10a)〜(6.10c) の範囲における最悪のトラヒック条件で，ネットワーク混雑率を最小化する経路を選択する．HLT モデルを想定した最適化問題（式 (6.2a)〜(6.2f)）は，HLT モデルの範囲内で考慮すべきパラメータ t_{pq} が出現しないように，つぎの性質 3 を用いて通常の線形計画問題に変換できる．

性質 3．x_{ij}^{pq} が，式 (6.14a)〜(6.14c) で規定された $T = \{t_{pq}\}$ のすべてのトラヒック需要行列に対して，ネットワーク混雑率 $\leq r$ となる必要十分条件は，非負のパラメータ $\pi_{ij}(p)$，$\lambda_{ij}(p)$，$\theta_{ij}(s,t)$ が，すべての $(i,j) \in E$ に対して

(i) $\displaystyle\sum_{p \in Q} \alpha_p \pi_{ij}(p) + \sum_{p \in Q} \beta_p \lambda_{ij}(p) + \sum_{(s,t) \in E} y_{st} \theta_{ij}(s,t)] \leq c_{ij} r$

(ii) $x_{ij}^{pq} \leq \pi_{ij}(p) + \lambda_{ij}(q) + \displaystyle\sum_{(s,t) \in E} a_{st}^{pq} \theta_{ij}(s,t)$

を満足することである．

つぎの主問題と双対問題の変換を用いることにより，性質 1 の証明と同様に，性質 3 が証明できる．

(i,j) を通過するトラヒック量を最大にする $T = \{t_{pq}\}$ を求める問題は，つぎの線形計画問題として定式化される．

目的関数 $\max \sum_{p,q \in Q} x_{ij}^{pq} t_{pq}$ (6.15 a)

制約条件 $\sum_{q \in Q} t_{pq} \leq \alpha_p \quad (\forall p \in Q)$ (6.15 b)

$\sum_{p \in Q} t_{pq} \leq \beta_q \quad (\forall q \in Q)$ (6.15 c)

$\sum_{p,q \in Q} a_{ij}^{pq} t_{pq} \leq y_{ij} \quad (\forall (i,j) \in E)$ (6.15 d)

ここで，決定変数は t_{pq}，与えられるパラメータは $x_{ij}^{pq}, \alpha_p, \beta_q, a_{ij}^{pq}, y_{ij}$ である。(i,j) に対して，式 (6.15 a)〜(6.15 d) の主問題の双対問題は次式で表される。

目的関数 $\min \sum_{p \in Q} \alpha_p \pi_{ij}(p) + \sum_{p \in Q} \beta_p \lambda_{ij}(p) + \sum_{(s,t) \in E} \theta_{ij}(s,t) y_{st}$

(6.16 a)

制約条件 $x_{ij}^{pq} \leq \pi_{ij}(p) + \lambda_{ij}(q) + \sum_{(s,t) \in E} a_{st}^{pq} \theta_{ij}(s,t)$

$(\forall p, q \in Q, (i,j) \in E)$ (6.16 b)

$\pi_{ij}(p) \geq 0, \ \lambda_{ij}(p) \geq 0 \quad (\forall p \in Q, (i,j) \in E)$ (6.16 c)

$\theta_{ij}(s,t) \geq 0 \quad (i,j) \quad (\forall (s,t) \in E)$ (6.16 d)

式 (6.16 a)〜(6.16 d) の導出を，巻末の付録 A.3 に示す。主問題の目的関数の最大値 $\sum_{p,q \in Q} x_{ij}^{pq} t_{pq} \leq c_{ij} r$ (式 (6.15 a)) と，双対問題の目的関数の最小値 $\sum_{p \in Q} \alpha_p \pi_{ij}(p) + \sum_{p \in Q} \beta_p \lambda_{ij}(p) + \sum_{(s,t) \in E} \theta_{ij}(s,t) y_{st}$ (式 (6.16 a)) は，どの (i,j) に対しても等しくなる。

性質 3 により，最適化問題 (式 (6.2 a)〜(6.2 f)) における制約条件である式 (6.2 d) を，つぎのように，性質 3 の条件 (i), (ii) を用いて t_{pq} が出現しない制約条件に置き換えることができる。

目的関数 $\min \quad r$ (6.17 a)

制約条件 $\sum_{j:(i,j) \in E} x_{ij}^{pq} - \sum_{j:(j,i) \in E} x_{ji}^{pq} = 0$

$(\forall p, q \in Q, i \neq p, i \neq q)$ (6.17 b)

6. トラヒック需要モデルと経路選択問題

$$\sum_{j:(i,j)\in E} x_{ij}^{pq} - \sum_{j:(j,i)\in E} x_{ji}^{pq} = 1$$
$$(\forall p, q \in Q, i = p) \qquad (6.17\,\mathrm{c})$$

$$\sum_{p\in Q} \pi_{ij}(p)\alpha_p + \sum_{p\in Q} \lambda_{ij}(p)\beta_p + \sum_{(s,t)\in E} \theta_{ij}(s,t)y_{st} \leqq c_{ij}r$$
$$(\forall (i,j) \in E) \qquad (6.17\,\mathrm{d})$$

$$\pi_{ij}(p) + \lambda_{ij}(p) + \sum_{(s,t)\in E} a_{st}^{pq}\theta_{ij}(s,t) \geqq x_{ij}^{pq}$$
$$(\forall (i,j) \in E, p, q \in Q) \qquad (6.17\,\mathrm{e})$$

$$\pi_{ij}(p) \geqq 0,\ \lambda_{ij}(p) \geqq 0 \qquad (\forall (i,j) \in E, p \in Q)$$
$$(6.17\,\mathrm{f})$$

$$\theta_{ij}(s,t) \geqq 0 \qquad (\forall (s,t), (i,j) \in E) \qquad (6.17\,\mathrm{g})$$

$$0 \leqq x_{ij}^{pq} \leqq 1 \qquad (\forall p, q \in Q, (i,j) \in E) \qquad (6.17\,\mathrm{h})$$

$$0 \leqq r \leqq 1 \qquad (6.17\,\mathrm{i})$$

図 6.1 のネットワークに対して，ホースモデル，HLT モデル，パイプモデルのネットワーク混雑率を図 **6.5** に示す．トラヒック需要とリンク容量の条件は，6.2 節で述べた条件と同様である．HLT モデルでは，最適経路選択の前に発着

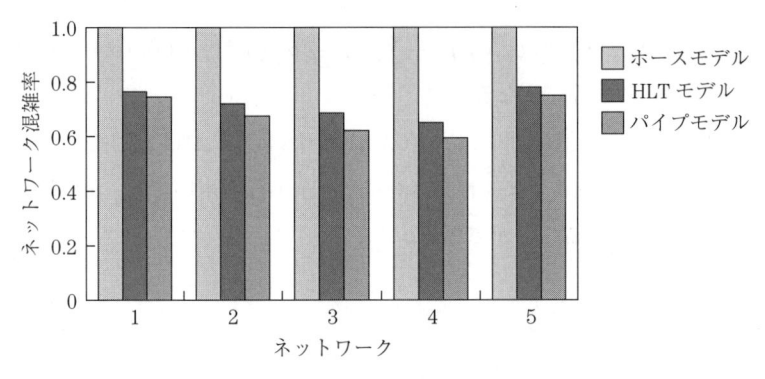

図 **6.5** HLT モデルのネットワーク混雑率

ノード間で，あらかじめ，例えば最短経路上にトラヒックを流す。リンクを通過するトラヒック量を測定する。図 6.5 から，HLT モデルは，ホースモデルよりネットワーク混雑率を 20 〜 30 %程度，削減することがわかる。また，HLT モデルとパイプモデルのネットワーク混雑率の差は 10 %以下である。

このように，HLT モデルでは，ホースモデルにリンクを通過するトラヒック量を測定した情報を追加してトラヒック需要の範囲を狭めることにより，パイプモデルに近いネットワーク混雑率を提供することができる。

7 IPネットワークにおける経路選択問題

IP (Internet Protocol) ネットワーク上では，宛先アドレスを有するIPパケットが，いくつかのノードを経由して，宛先ノードに転送される．ノードがパケットを受信したとき，つぎにどのノードに転送するかは，ルーチングプロトコルによって作成されたルーチングテーブルを参照して決定される．

7.1 ルーチングプロトコル

ルーチングプロトコルは，宛先ノードまでIPパケットを転送する際に，現在のネットワーク状態に適した経路を動的に決定するのに用いられる．ルーチングプロトコルでは，ノードどうしでネットワーク情報を交換することにより，各ノードは，得られた情報を基に，宛先までの最短経路となる次ホップノードを決定し，ルーチングテーブルを作成・更新する．IPパケットは，各ノードが保持するルーチングテーブルに記載されている次ホップノードに転送される．各経由ノードで，同様の動作を繰り返すことにより，IPパケットは宛先ノードまで転送される．

ルーチングテーブルの概念は，自動車を運転する際の道路標識の概念と類似している．図 7.1(a) において，自動車の運転者は，目的地である空港を目指して運転している．自動車は，交差点に進入し，道路標識に従って左折する．運転者は最終目的地までの経路を知らなくても，理想的には，交差点に進入するたびに，道路標識に従って適切に直進・右折・左折を繰り返せば，目的地に到着することができる．一方，図 7.1(b) において，パケットの宛先アドレスは

7.1 ルーティングプロトコル

宛先アドレス	出力ポート
123.10.21.1	#2
123.10.21.2	#3
その他	#4

ルーティングテーブル

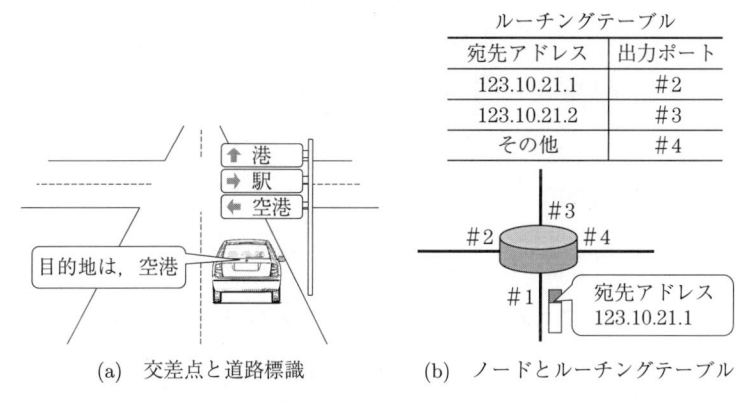

(a) 交差点と道路標識　　(b) ノードとルーティングテーブル

図 **7.1**　道路標識とルーティングテーブル

123.10.21.1 である。ノードは，ルーティングテーブルの情報に従い，パケットを出力ポート#2 に転送する。パケットも，自動車と同様にルーティングテーブルの情報に従えば，宛先アドレスまで到着することができる。

　ルーティングプロトコルは，リンク状態型と距離ベクトル型に大きく分類される。リンク状態型ルーティングプロトコルでは，リンクの距離等の情報をネットワーク内に広告し，各ノードが，ノードどうしの接続関係を示すネットワークトポロジを把握し，最短経路計算に基づいてルーティングテーブルを作成する。代表的なリンク状態型ルーティングプロトコルとして，OSPF[35] (Open Shortest Path First) や IS-IS[36] (Intermediate System to Intermediate System) がある。

　一方，距離ベクトル型ルーティングプロトコルでは，宛先ノードと各ノード間の距離情報がネットワーク内を伝搬し，各ノードが最短距離となる次ホップノードを決定し，ルーティングテーブルを作成する。距離ベクトル型ルーティングプロトコルでは，ノードは，ネットワークトポロジを把握しない。代表的な距離ベクトル型ルーティングプロトコルとして，RIP[37],[38] (Routing Information Protocol) がある。

　ここでは，リンク状態型ルーティングプロトコルを用いた場合の経路選択問題を取り扱う。図 **7.2** に示すように，リンク状態型ルーティングプロトコルでは，

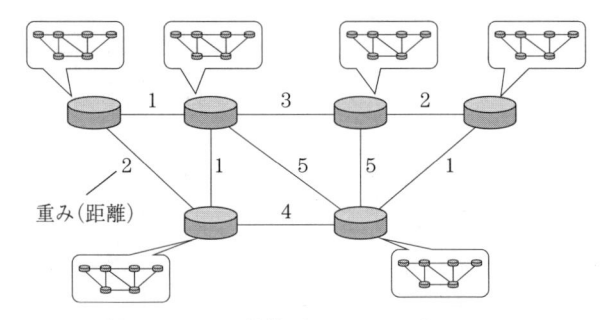

図 7.2 リンク状態型ルーチングプロトコル

リンクごとに距離（ルーチングプロトコルでは，リンクの重みと呼ばれる）が与えられている．ノードは，自ノードに接続されているリンクの情報を隣接ノードに広告する．広告を受け取ったノードは，さらにその隣接ノードに広告する．この動作を繰り返し，各ノードは，ネットワークトポロジを把握することができる．この広告を繰り返す動作をフラッディング（flooding，洪水）と呼ぶ．ノードは，ネットワークトポロジ情報に基づいて，宛先ごとに最短経路を計算することにより，ルーチングテーブルを作成する．

7.2　リンクの重みと経路選択

リンク状態型ルーチングプロトコルでは，リンクの重みを距離とし，最短経路に基づいて，ルーチングテーブルが作成され，パケットが転送される．言い換えれば，リンクの重みの設定によって，パケットが転送される経路を決定することができる．

図 7.3 に示すネットワークを考える．各リンクの重みは，すべて 1 で設定されている．ネットワーク内には，ノード 1, 2, 3, 5 からノード 7 に向かうトラヒックが存在し，各発ノードからノード 7 に向かうトラヒック量は 1 であると仮定する．各ノードは，ネットワークトポロジとリンクの重みを把握し，最短経路を計算し，ルーチングテーブルを作成し，パケットを転送する．図 7.4 のように，パケットの転送経路は $1 \to 4 \to 7$, $2 \to 4 \to 7$, $3 \to 4 \to 7$, $5 \to 6 \to 7$

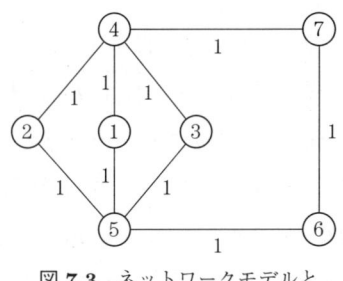

図 **7.3** ネットワークモデルと
リンク重み (例 1)

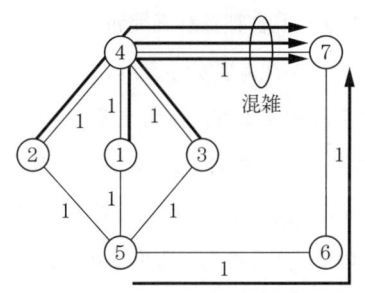

図 **7.4** リンクの重みと経路選択
(例 1)

となる.その結果,リンク $(4,7)$ を通過するトラヒック量が 3 となり,トラヒックが集中して混雑が生じる.

トラヒックの混雑を回避するために,図 **7.5** のように,リンク重みの設定を変更する.図 7.5 では,リンク $(1,4)$ の重みが 1 から 3 に変更されている.図 **7.6** のように,パケットの転送経路は,$1 \to 5 \to 6 \to 7$,$2 \to 4 \to 7$,$3 \to 4 \to 7$,$5 \to 6 \to 7$ となる.図 7.4 では,リンク $(4,7)$ でトラヒック量が 3 であったが,図 7.6 に示すように,ノード 1 からノード 7 へのパケットの経路が $1 \to 5 \to 6 \to 7$ に変更されたため,リンク $(4,7)$ を通過するトラヒック量が 2 に減少し,混雑が回避されることがわかる.このように,適切にリンク重みを設定することにより,ネットワークの混雑を回避することができる.

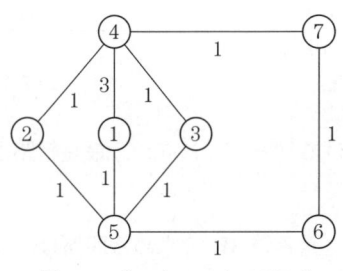

図 **7.5** ネットワークモデルと
リンク重み (例 2)

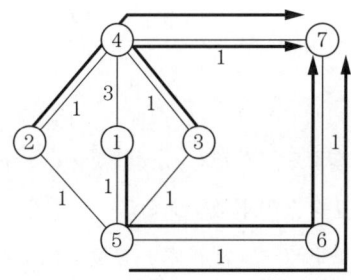

図 **7.6** リンクの重みと経路選択
(例 2)

7.2.1 混合整数計画問題

トラヒック需要が与えられたとき,ネットワーク混雑率を最小化するリンク重みを決定する問題を考える。ネットワークを,有効グラフ $G(V, E)$ で表す。V はノードの集合,E はリンクの集合である。ノード i からノード j へのリンクを $(i,j) \in E$ と表す。x_{ij}^{pq} は,発ノード $p \in V$ から着ノード $q \in V$ までの経路上の (i,j) を通過するトラヒック量の割合である。w_{ij} は (i,j) の重みである。w_{ij} は,$1 \leq w_{ij} \leq w_{\max}$ を満たす整数値である。OSPF では,$w_{\max} = 65\,535$ である。$\boldsymbol{W}$ は,リンク重み w_{ij} を要素とする行列であり,$\boldsymbol{W} = \{w_{ij}\}$ と表す。発ノード p と着ノード q の間のトラヒック需要を t_{pq},(i,j) のリンク容量を c_{ij} とする。

あるノード i から宛先ノード q までで同一の最短距離となる経路が m ($m \geq 0$) 本ある場合には,ノード i は,トラヒックを m 等分し,m 本の最短経路に均等に転送すると仮定する。これを,等分コストマルチパス (equal cost multi path, ECMP) と呼ぶ。$x_{ij}^{pq}(\boldsymbol{W})$ は,リンク重み群 $\boldsymbol{W}$ が与えられた場合,ノード p からノード q へのトラヒックに対する,(i,j) を通過するトラヒックの割合である ($0 \leq x_{pq}^{ij}(\boldsymbol{W}) \leq 1$)。$P(p,q)$ を,ノード p からノード q までの最短経路長とし,$\delta(i,j,q)$ を,(i,j) がノード q までの最短経路上に含まれていれば $\delta(i,j,q) = 1$,そうでなければ $\delta(i,j,q) = 0$ と定義する。また,$f_{pq}(v)$ を

$$f_{pq}(v) = \frac{\text{ノード } v \text{ に到着するノード } p \text{ から } q \text{ へのトラヒックの割合}}{m} \tag{7.1}$$

と定義する。ただし,m は,ノード v におけるノード q に向かう最短経路上の出力リンクの本数である。

ネットワーク混雑率 r を最小化するリンク重み群 $\boldsymbol{W}$ を求める問題は,つぎの混合整数計画問題として定式化される[20],[21]。混合整数計画問題とは,整数値をとる決定変数と,実数値をとる決定変数が混じっている問題である。

$$\text{目的関数} \quad \min \quad r \tag{7.2a}$$

7.2 リンクの重みと経路選択

制約条件
$$\sum_{j:(i,j)\in E} x_{ij}^{pq}(\boldsymbol{W}) - \sum_{j:(j,i)\in E} x_{ji}^{pq}(\boldsymbol{W}) = 0$$
$$(\forall p,q \in Q, i \neq p, i \neq q) \tag{7.2b}$$

$$\sum_{j:(i,j)\in E} x_{ij}^{pq}(\boldsymbol{W}) - \sum_{j:(j,i)\in E} x_{ji}^{pq}(\boldsymbol{W}) = 1$$
$$(\forall p,q \in Q, i = p) \tag{7.2c}$$

$$\sum_{p,q \in Q} t_{pq} x_{ij}^{pq}(\boldsymbol{W}) \leqq c_{ij} r \quad (\forall (i,j) \in E) \tag{7.2d}$$

$$0 \leqq r \leqq 1 \tag{7.2e}$$

$$0 \leqq f_{pq}(i) - x_{ij}^{pq}(\boldsymbol{W}) \leqq 1 - \delta(i,j,q)$$
$$(\forall p,q \in Q, (i,j) \in E) \tag{7.2f}$$

$$0 \leqq x_{ij}^{pq}(\boldsymbol{W}) \leqq \delta(i,j,q)$$
$$(\forall p,q \in Q, (i,j) \in E) \tag{7.2g}$$

$$0 \leqq P(j,q) + w_{ij} - P(i,q) \leqq (1 - \delta(i,j,q))U$$
$$(\forall q \in Q, (i,j) \in E) \tag{7.2h}$$

$$1 - \delta(i,j,q) \leqq P(j,q) + w_{ij} - P(i,q)$$
$$(\forall q \in Q, (i,j) \in E) \tag{7.2i}$$

$$f_{pq}(j) \geqq 0 \quad (\forall p,q,j \in Q) \tag{7.2j}$$

$$\delta(i,j,q) \in \{0,1\} \quad (\forall (i,j) \in E, q \in Q) \tag{7.2k}$$

$$1 \leqq w_{ij} \leqq w_{\max} \quad (\forall (i,j) \in E) \tag{7.2l}$$

決定変数は r, x_{ij}^{pq}, $\boldsymbol{W} = \{w_{ij}\}$ である.与えられるパラメータは,t_{pq} と c_{ij} である.式 (7.2a) における目的関数はネットワーク混雑率 r であり,これを最小化する.式 (7.2b)〜(7.2l) が制約条件である.式 (7.2b),(7.2c) は,フローの保存を示している.式 (7.2b) は,ノード i が発ノードでも着ノードでもない場合,ノード i に流入するトラヒック量の総和は,ノード i から流出するトラヒック量の総和に等しいことを示す.式 (7.2c) は,ノード i が発ノードで

ある場合（つまり，$i = p$），ノードiから流出するトラヒック量の総和が1であることを示している．式 (7.2b) と式 (7.2c) が成り立っていれば，着ノードのフロー保存が成り立っている．式 (7.2d) は，(i,j) を通るトラヒックの総和は c_{ij} 以下であることを示す．

式 (7.2f) と式 (7.2g) は，等分コストマルチパスの経路選択則に従い，トラヒックのフローが分割される制約条件を示す．式 (7.2h), (7.2i) は，最短経路の制約条件を示す．もし，(i,j) がノードqへの最短経路上でなければ $\delta(i,j,q) = 0$ であるので，式 (7.2l) の下で，$P(j,q) + w_{ij} - P(i,q) \geq 1$ が成立する（式 (7.2i)）．もし，(i,j) がノードqへの最短経路上であれば $\delta(i,j,q) = 1$ であるので，$P(j,q) + w_{ij} - P(i,q) = 0$ が成立する（式 (7.2h)）．$\delta(i,j,q) = 0$ のとき，U が十分大きい値であれば，式 (7.2h) は冗長となる．

式 (7.2a)〜(7.2l) で定式化された混合整数計画問題の適用範囲は，計算の複雑さの観点から，小規模のネットワークに限られる．そのため，大規模ネットワークに適用できる解法として，発見的なアルゴリズムが必要となる．発見的なアルゴリズムの一つであるタブー探索法を次項で紹介する．

7.2.2 タブー探索法

タブー探索法は，現実的な時間内に最適化問題を解くために開発された発見的なアルゴリズムである．他の発見的なアルゴリズムとして，焼き鈍し法や遺伝的アルゴリズムがある．リンク重みを求める問題にタブー探索法を適用した研究例があり[39]〜[41]，タブー探索法の有効性が確認されている．

タブー探索法の概要は以下のとおりである．タブー探索法は，実行可能領域を広げながら探索する．探索中，評価した実行可能解をリストに記憶しておく．このリストをタブーリストと呼ぶ．実行可能解の探索は，異なる初期解を設定して，繰り返し実行される．それぞれの繰返し探索において，現在の実行可能解から別の実行可能解に移行する際に，隣接した実行可能解を選択して移動していく．実行可能解の探索において，タブーリストで一度評価された解は，現在の解よりも目的関数値を下げることがあっても，再び評価されることはない．

7.2 リンクの重みと経路選択

各繰返し探索において，アルゴリズムの終了条件が成立すれば，探索した実行可能解の中で最良のものを選択する．さらに，初期解を変更して異なる値からスタートさせて，繰返し探索で発見された複数の解の中から最良の解を選択する．

リンク重みを求めるタブー探索法のアルゴリズムは，以下のとおりである．求めるべきリンク重みを W_{opt} とする．

- ステップ 1：（繰返し探索の開始） 繰返し回数のカウンタを I とする．リンク重みの初期値として，タブーリストに登録されていないランダムな値に設定する．リンク重みの初期値を W_{itr} に設定する．この初期値をタブーリストに登録する．与えられたリンク重みを用いて，ネットワーク混雑率（リンク使用率の最大値）を求める．初回は，$W_{opt} = W_{itr}$ とする．

- ステップ 2：リンク使用率が最大となるリンクを特定する．

- ステップ 3：（次候補への移動） リンク使用率が最大となるリンクの重みを，当該リンクを通過する少なくとも一つのフロー経路が変化するまで増加させる．その結果，そのリンク使用率が減少する．この更新されたリンク重みを次候補に設定し，タブーリストに登録する．もし，リンクの重みが許容される最大値を超えた場合，ステップ 6 に進む．

- ステップ 4：（候補の評価） 新しいリンク重みに対して，ネットワーク混雑率を求める．これが W_{itr} のネットワーク混雑率より小さければ，当該リンク重みを W_{itr} とする．ステップ 2 に戻る．ステップ 2 からステップ 4 までの繰返しループにおいて，もし，連続でネットワーク混雑率が小さくならない状態が，あらかじめ設定されている回数 $C_{\max}$ を超えれば，ステップ 5 に進む．

- ステップ 5：W_{itr} のネットワーク混雑率が W_{opt} のネットワーク混雑率より小さければ，$W_{opt} = W_{itr}$ とする．

- ステップ 6：$I = I + 1$ とし，初期値に関する繰返し回数の最大値 $I_{\max}$ を超えなければ，ステップ 1 に戻る．そうでなければ，アルゴリズムを終了する．

7. IPネットワークにおける経路選択問題

以下で，タブー探索法によって適切なリンク重みを決定する際の動作例を示す．図7.7では，初期値としてリンク重みを与えている．ノード1, 2, 3, 7からそれぞれノード6に向かって，トラヒック量1のフローが流れているとする．リンクの容量は，すべてのリンクで同一とする．したがって，リンク使用率を低減することは，当該リンクを通過するトラヒック量を低減することである．与えられたリンク重みに従って経路を選択した結果，(4,6)にトラヒックが集中し，通過するトラヒック量が3で最大になっている．

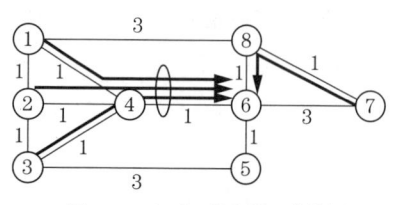

図7.7 タブー探索法の動作例（初期状態）

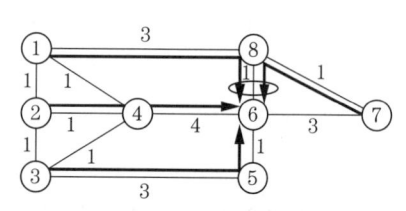

図7.8 タブー探索法の動作例（1回目のリンク重みの変更後）

図7.8において，(4,6)を通過するトラヒック量を低減するために，通過するトラヒックの少なくとも一つの経路が変更されるまで，当該リンクの重みを増加させる．その結果，その重みは1から4に変更されている．これによって経路が変更され，トラヒックが集中するリンクが(4,6)から(8,6)に移動する．リンクを通過する最大トラヒック量は2となる．

図7.9において，(8,6)に通過するトラヒック量を低減するために，通過するトラヒックの少なくとも一つの経路が変更されるまで，当該リンクの重みを増加させる．その結果，その重みは1から3に変更されている．これによって

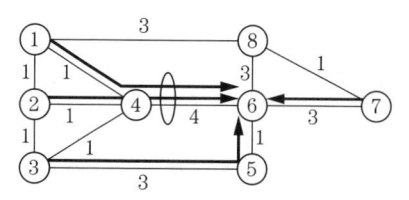

図7.9 タブー探索法の動作例（2回目のリンク重みの変更後）

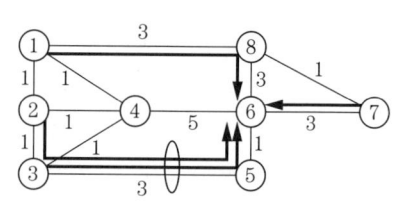

図7.10 タブー探索法の動作例（3回目のリンク重みの変更後）

経路が変更され，トラヒックが集中するリンクが $(8,6)$ から $(4,6)$ に戻る。リンクを通過する最大トラヒック量は 2 となり，図 7.7 の場合より最大トラヒック量が低減している。

図 **7.10** において，$(4,6)$ を通過するトラヒック量を低減するために，通過するトラヒックの経路が変更されるまで，当該リンクの重みを増加させる。その結果，その重みは 4 から 5 に変更されている。これによって経路が変更され，トラヒックが集中するリンクが $(4,6)$ から $(3,5)$，$(5,6)$ に移動する。リンクを通過する最大トラヒック量は 2 となる。

図 **7.11** において，最大トラヒック量となるリンクである $(3,5)$ と $(5,6)$ が二つあるので，ランダムに $(5,6)$ を選択する。$(5,6)$ を通過するトラヒック量を低減するために，通過するトラヒックの経路が変更されるまで，当該リンクの重みを増加させる。その結果，その重みは 1 から 3 に変更されている。これにより，少なくとも一つの経路が変更され，トラヒックが集中するリンクが存在しなくなり，最大トラヒック量は 1 となっている。

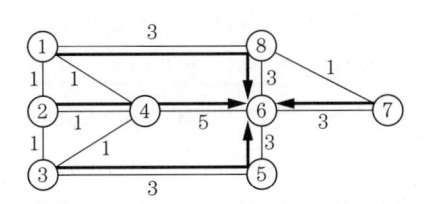

図 **7.11** タブー探索法の動作例（4 回目のリンク重みの変更後，最終解）

本動作例では 1 個の初期値の動作を示したが，実際には，複数の初期値を用いて適切な重みを探索し，トラヒックが分散されるように，その中から最良の重みを選択することになる。

7.3 ネットワーク故障を考慮した予防的リンク重み決定法

7.3.1 リンク重み決定方式

リンク重みを決定する際に，代表的な三つの方式として，SO (Start-Time Optimization), RO (Run-Time Optimization), PSO (Preventive Start-Time Optimization) がある．

SO では，運用開始時のネットワークに対して，リンク重みを最適化し，各リンクに重みを設定する．リンクが故障した場合，ネットワーク内のノードは，当該故障リンクを除外したネットワークに対して，最短経路を再計算し，ルーチングテーブルを更新する．トラヒックは，故障後のネットワークを転送される．しかし，リンク重みは，故障前のネットワークに対して最適化されているため，故障後のネットワークに対して，すでに設定されたリンク重みは必ずしも最適な値ではない．そのため，故障後のネットワークにおいては，迂回トラヒックが，あるリンクに集中して混雑が生じる恐れがある．

RO では，リンクが故障するたびに，新しいネットワークに対してリンク重みを最適化する．これによって，SO で問題であった迂回トラヒックによる混雑の発生が回避される．しかし，RO には二つの問題点がある．一つ目は，リンク重みの移行期に，経路選択が不安定になるという問題である．リンクが故障するたびにリンク重みを変更すると，ノードは，リンク重みの最適化の再計算後，ルーチングテーブルの更新のために更新メッセージを送出する．更新メッセージを受け取ったノードは，それを他ノードに送出するとともに，自ノードで最短経路計算を行ってルーチングテーブルを更新する．これらの動作を各ノードが自律分散的に実施するため，ルーチングテーブルを更新済みのノードと，まだ更新していないノードが混在する状態が生まれる．そのため，リンク重み変更の移行期には，所望でない経路が選択されて混雑が生じる恐れがある．二つ目は，リンク故障が一時的な場合，リンク重みの更新が頻繁に起こり，ネットワークが不安定になるという問題である．数分以内の一時的な故障が，リン

ク故障の大部分の割合を占めている。この一時的な故障に対して、リンク重みの最適化を行い、リンク故障が回復した際に、再びリンク重みの最適化を行う、という動作を頻繁に繰り返していくと、経路選択が不安定になり、ネットワークの混雑を招く。

SO と RO の問題を解決するために、PSO は、運用開始時に、ネットワークの故障（例えば、あらゆる単一リンク故障）を想定し、予防的に最悪の場合のネットワーク混雑を最小化するリンク重みを求め、設定しておく。故障が生じた場合でも、あらかじめ設定したリンク重みを更新しないで使用する。PSO では、通常時のネットワークに対して、リンク重みが必ずしも最適化されているわけではない。しかし、想定できる故障を考慮してリンク重みを決定しているので、故障時でも混雑が生じないようになっており、ネットワークが安定的に運用される。

PSO の方式に基づいてリンク重みを決定する方法として、PSO-L[42] (limited candidate：限定的な候補) と PSO-W[43] (wide-range candidate：広範囲な候補) がある。次項で PSO のモデルを定義し、7.3.3 項で PSO-L を、7.3.4 項で PSO-W を紹介する。

7.3.2 PSO のモデル

ネットワークを、有効グラフ $G(V, E)$ で表す。V はノードの集合であり、E はリンクの集合である。$v \in V$ はノードを表し、$v = 1, 2, \cdots, N$ である。$e \in E$ はリンクを表し、$e = 1, 2, \cdots, L$ である。N はネットワークにおけるノード数であり、L はネットワークにおけるリンク数である。ネットワークの故障に関して、単一リンク故障のみを考える。複数のリンクが同時に故障する確率は小さいと考え、考慮しない。F はリンク故障 $l = 0, 1, 2, \cdots, L$ の集合であり、$F = E \cup \{0\}$ である。F の要素数は $|F| = L + 1$ である。$l = 0$ は、リンク故障がないことを表し、$l\,(\neq 0)$ は、$e = l \in E$ の故障であることを表す。G_l は、$e = l\,(\neq 0)$ が故障のため除外されているネットワークを表す。G_0 はリンク故障がない場合であり、$G_0 = G$ である。c_e は、$e \in E$ の容量を表す。e を通過

するトラヒック量は，u_e で表す．$T = \{t_{pq}\}$ は，トラヒック需要を表す行列であり，t_{pq} は，ノード $p \in V$ からノード $q \in V$ へのトラヒック需要を表す．

ネットワーク混雑率 r は，ネットワークにおけるリンク利用率の最大値であり，次式で表される．

$$r = \max_{e \in E} \frac{u_e}{c_e} \tag{7.3}$$

ここで，$0 \leqq u_e \leqq c_e$ であるため，$0 \leqq r \leqq 1$ である．追加トラヒック量を最大化することは，r を最小化することと等価である[44]．

$\boldsymbol{W} = \{w_e\}$ は，G に対するリンク重み行列 ($1 \times L$) である．w_e は e のリンク重みである．$\boldsymbol{W}_{cand}$ は，候補 $\boldsymbol{W}$ の集合である．$r(\boldsymbol{W}, l)$ は，$\boldsymbol{W}$ で設定された G_l に対して，OSPF ベースの最短経路ルーチングに従い，式 (7.3) で定義されるネットワーク混雑率を返す関数である．$R(\boldsymbol{W})$ は，すべてのリンク故障のシナリオを想定した最悪のネットワーク混雑率を示し，次式で定義される．

$$R(\boldsymbol{W}) = \max_{l \in F} r(\boldsymbol{W}, l) \tag{7.4}$$

PSO の目的は，G に対して，式 (7.4) で定義された $R(\boldsymbol{W})$ を最小化するような適切なリンク重み $\boldsymbol{W}_{PSO}$ を見つけることである．$\boldsymbol{W}_{PSO}$ は次式で定義される．

$$\boldsymbol{W}_{PSO} = \arg \min_{\boldsymbol{W} \in \boldsymbol{W}_{cand}} R(\boldsymbol{W}) \tag{7.5}$$

ここで，$\boldsymbol{W}_{cand}$ はリンク重みの候補を示す．$\boldsymbol{W}_{PSO}$ を用いて得られるネットワーク混雑率は $R(\boldsymbol{W}_{PSO})$ である．これは，想定できる単一リンク故障のシナリオに対する上限値を与える．

7.3.3 PSO-L

〔1〕 **PSO-L の概要** PSO-L は，リンク重みの候補 $\boldsymbol{W}_{cand}$ の中から，式 (7.5) で定義された $\boldsymbol{W}_{PSO}$ を発見する．ただし，PSO-L は $\boldsymbol{W}_{cand}$ を限定している．PSO-L において，$\boldsymbol{W}_l^*$ と $\boldsymbol{W}_l^k$ をつぎのように定義する．$\boldsymbol{W}_l^* =$

7.3 ネットワーク故障を考慮した予防的リンク重み決定法

$\{w_1, w_2, \cdots, w_{l-1}, w_{l+1}, \cdots, w_L\}$ は，$(L-1) \times 1$ のリンク重み行列であり，G_l に対して最適化されたリンク重みである。このリンク重みは，例えばタブー探索法を用いて得られる。G_l の場合，リンク l が存在しないので，$\boldsymbol{W}_l^*$ には w_l が含まれていない。$\boldsymbol{W}_l^k = \{w_1, w_2, \cdots, w_{l-1}, w_l^k, w_{l+1}, \cdots, w_L\}$ は，$L \times 1$ のリンク重み行列である。w_l^k は，G_k ($k(\neq l) \in F$) に対して，リンク l 以外の重みは $\boldsymbol{W}_l^*$ を用いて，w_l^k を決定変数とした最適化問題を解くことよって得られる。$\boldsymbol{W}_l^k$ は次式で定義される。

$$\boldsymbol{W}_l^k = \boldsymbol{W}_l^* \cup \{w_l^k\} \tag{7.6}$$

$\boldsymbol{W}_l$ は，$L \times 1$ のリンク重み行列であり，$R(\boldsymbol{W}_l^k)$（式 (7.4)）を最小化する $\boldsymbol{W}_l^k$（式 (7.6)）を表し，次式で定義される。

$$\boldsymbol{W}_l = \arg \min_{k(\neq l) \in F} R(\boldsymbol{W}_l^k) \tag{7.7}$$

PSO-L は，式 (7.5) で定義された $\boldsymbol{W}_{PSO}$ において，計算の便宜上，$\boldsymbol{W} \in \boldsymbol{W}_{cand}$ が限定され，つぎのように表される。

$$\boldsymbol{W}_{PSO-L} = \arg \min_{l \in F} R(\boldsymbol{W}_l) \tag{7.8}$$

式 (7.8) で定義された $\boldsymbol{W}_{PSO}$ を求めるための PSO-L のアルゴリズムは，以下の三つのステップから構成される。

- ステップ 1：$\boldsymbol{W}_l (l \in F)$ を得る。
- ステップ 2：$R(\boldsymbol{W}_l)$ ($l \in F$) を計算する。
- ステップ 3：$\boldsymbol{W}_{PSO-L}$ を得る。

ステップ 1 は，$\boldsymbol{W}_l$ を得るために，以下の三つのサブステップから構成される。

- ステップ 1a：$\boldsymbol{W}_l^k$ ($k \in F$) を計算する。
- ステップ 1b：$R(\boldsymbol{W}_l^k)$ ($k \in F$) を計算する。
- ステップ 1c：$k \in F$ に対して，$R(\boldsymbol{W}_l^k)$ を最小化する $\boldsymbol{W}_l$ を得る。

〔2〕 **PSO-L の例**　　PSO-L の動作を，図 **7.12** に示すネットワークを用いて説明する。リンクは，$e = 1, 2, 3, 4, 5$ と表示されている。リンクの故障が

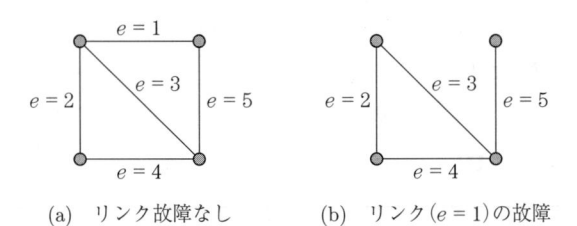

(a) リンク故障なし (b) リンク ($e=1$) の故障

図 7.12　ネットワークモデル

ない場合は，$l=0$ である．リンク e の故障がある場合は，$l=e$ である．したがって，リンク故障 l のとり得る値は，$l=0,1,2,3,4,5$ である．図 7.12(a) に示すように，リンク故障なし ($l=0$) の場合を考える．$l=0$ に対する最適なリンク重みは $\boldsymbol{W}_0$ と表される．

図 7.12(b) に示すように，リンク $e=1$ が故障 ($l=1$) の場合を考える．$l=1$ のネットワーク G_l に対して，$\boldsymbol{W}_1^* = \{w_2, w_3, w_4, w_5\}$ (w_1 が含まれていない) が得られる．$\boldsymbol{W}_1$ を決定するためには，w_1 が必要である．w_1 を得るために，$G_k, k \in F(\neq 1)$ を用いて w_1^k を得ることを考える．w_1^k は，$e=1$ 以外の重みを $\boldsymbol{W}_1^*$ と固定しておき，リンク故障 $k(\neq 1)$ のあるネットワーク G_k に対してネットワーク混雑率を最小化するような，リンク $l=1$ の重みである．$\boldsymbol{W}_1^*$ に，w_1^k を加えることにより，$\boldsymbol{W}_1^k = \{w_1^k, w_2, w_3, w_4, w_5\}$ が生成される．$\boldsymbol{W}_1^k$ を用いて，リンク故障 l の場合のネットワーク混雑率 $r(\boldsymbol{W}_1^k, l)$ は表 7.1 のようになる．また，リンク故障 $l \in F$ に関する最悪のネットワーク混雑率 $R(\boldsymbol{W}_1^k) = \max_{l \in F} r(\boldsymbol{W}_1^k, l)$ は，表 7.1 の最終行に示されている．表 7.1 の最終行

表 7.1　リンク故障 l に対するネットワーク混雑率と $R(\boldsymbol{W}_1^k)$

リンク故障 l	$\boldsymbol{W}_1^0$	$\boldsymbol{W}_1^2$	$\boldsymbol{W}_1^3$	$\boldsymbol{W}_1^4$	$\boldsymbol{W}_1^5$
0	0.05	0.05	0.05	0.05	0.06
1	0.04	0.04	0.04	0.04	0.04
2	0.11	0.10	0.11	0.13	0.13
3	0.08	0.04	0.04	0.07	0.06
4	0.07	0.05	0.06	0.05	0.06
5	0.06	0.08	0.08	0.06	0.06
$R(\boldsymbol{W}_1^k)$	0.11	0.10	0.11	0.13	0.13

において，W_1^2 は，k に関して最悪のネットワーク混雑率の最小値である．その結果，$W_1 = W_1^2 = \{w_1^2, w_2, w_3, w_4, w_5\}$ と決定される．

W_1 で求めたやり方と同様にして，各リンク故障のシナリオに対して，W_2，W_3, W_4, W_5 が得られる．$W_l(l \in F)$ を用いて，リンク故障 $l' \in F$ に対するネットワーク混雑率 $r(W_l, l')$ は**表 7.2** のようになる．つぎに，$l' \in F$ に関する最悪のネットワーク混雑率 $R(W_l) = \max_{l' \in F} r(W_l, l')$ を表 7.2 の最終行に示す．表 7.2 の最終行において，$R(W_l)$ の最小値を与えるリンク重みは W_2 であることがわかる．したがって，W_2 が PSO-L によって決定されるリンク重みである．

表 7.2　リンク故障 l' に対するネットワーク混雑率と $R(W_l)$

リンク故障 l'	W_0	W_1	W_2	W_3	W_4	W_5
0	0.04	0.05	0.05	0.13	0.04	0.09
1	0.04	0.04	0.06	0.11	0.04	0.11
2	0.11	0.10	0.07	0.13	0.11	0.09
3	0.04	0.04	0.05	0.04	0.04	0.06
4	0.05	0.05	0.09	0.13	0.05	0.13
5	0.06	0.08	0.06	0.06	0.06	0.06
$R(W_l)$	0.11	0.10	0.09	0.13	0.11	0.13

〔3〕 **PSO-L の問題**　　PSO の設計目標は，リンク故障のシナリオに対して，最悪のネットワーク混雑率を最小化することである．引用・参考文献 42) によって得られた数値例では，PSO-L は最悪のネットワーク混雑率を低減することが示されている．しかし，PSO-L は最悪のネットワーク混雑率を最小化することを保証していない．

PSO-L では，$G_l(l = 0, \cdots, L)$ に対して求められた W_l のみを，リンク重みの候補として考えている．しかし，どの G_l に対しても最適化されていないリンク重み Ω が，どんな W_l よりも小さいネットワーク混雑率を与える可能性がある．つまり，$R(\Omega) \leq R(W_l)$ を満足する Ω が存在する可能性がある．**表 7.3** は，$W_l(l = 0, \cdots, L)$ と Ω に対するネットワーク混雑率の数値例を示している．ここで，$R(\Omega) \leq R(W_l)$ を満足する Ω が存在し，Ω は PSO-L の候補で

7. IP ネットワークにおける経路選択問題

表 7.3 リンク故障 l' に対するネットワーク混雑率と $R(\boldsymbol{W}_l)$ ($R(\boldsymbol{\Omega}) \leq R(\boldsymbol{W}_l)$ を満たす $\boldsymbol{\Omega}$ を付加したもの)

リンク故障 l'	$\boldsymbol{W}_0$	$\boldsymbol{W}_1$	$\boldsymbol{W}_2$	$\boldsymbol{W}_3$	$\boldsymbol{W}_4$	$\boldsymbol{W}_5$	$\boldsymbol{\Omega}$
0	0.04	0.05	0.05	0.13	0.04	0.09	0.05
1	0.04	0.04	0.06	0.11	0.04	0.11	0.05
2	0.11	0.10	0.07	0.13	0.11	0.09	0.08
3	0.04	0.04	0.05	0.04	0.04	0.06	0.06
4	0.05	0.05	0.09	0.13	0.05	0.13	0.07
5	0.06	0.08	0.06	0.06	0.06	0.06	0.06
$R(\boldsymbol{W}_l)$	0.11	0.10	0.09	0.13	0.11	0.13	0.08

ない，という状況を考えている．対象としているネットワークは，図 7.12(a) である．

表 7.3 において，$\boldsymbol{W}_2$ は式 (7.7) を満足し，PSO-L の解である．どのリンク故障 l' に対しても，$r(\boldsymbol{W}_l, l')$ の少なくとも一つは，$r(\boldsymbol{\Omega}, l')$ に等しいか，またはそれより小さい値となっている．なぜなら，PSO-L では，リンク重みの候補を決定する際に，それぞれのリンク故障に対して最適化するからである．しかし，最終行は l' に関する最大値を示しており，$R(\boldsymbol{\Omega})$ は $R(\boldsymbol{W}_2)$ より小さいので，$\boldsymbol{W}_2$ が最悪のネットワーク混雑率を最小化するものではない．つまり，PSO-L は，最悪のネットワーク混雑率を最小化することを保証していない．

7.3.4 PSO-W

〔1〕 **PSO-W の概要**　PSO-W は，可能な限りすべての $\boldsymbol{W} \in \boldsymbol{W}_{cand}$ を考慮し，式 (7.4) を用いて $R(\boldsymbol{W})$ を計算し，$R(\boldsymbol{W})$ を最小化するような最適な $\boldsymbol{W}$ を決定する．PSO-W は，最悪のネットワーク混雑率の最小化を保証している．式 (7.5) に定義された手順は，つぎの二つのステップから構成される．

- ステップ 1：式 (7.4) を用いて，可能な限りすべての $\boldsymbol{W} \in \boldsymbol{W}_{cand}$ に対して $R(\boldsymbol{W})$ を計算する．
- ステップ 2：式 (7.5) を用いて $\boldsymbol{W}_{PSO}$ を得る．

すべての $\boldsymbol{W} \in \boldsymbol{W}_{cand}$ について，$R(\boldsymbol{W})$ を調査することは困難である．(i, j) の重み w_{ij} は，$1 \leq w_{ij} \leq w_{\max}$ の範囲をとり得る整数値である．したがって，

7.3 ネットワーク故障を考慮した予防的リンク重み決定法

W には $w_{\max}^L$ 通りの候補がある。探索時間を削減するため，PSO-L では，リンク故障を想定した $L+1$ 通りのネットワークに対する最適なリンク重みを決定していた。PSO-W では，可能な限りすべての $W \in W_{cand}$ を考慮するために，リンク故障を考慮したタブー探索を適用する。

〔2〕 **タブー探索の PSO-W への適用**　リンク故障を考慮して，最悪のネットワーク混雑率を最小化するリンク重みを求めるタブー探索法のアルゴリズムは以下のとおりである。求めるべきリンク重みを，式 (7.5) で定義した W_{PSO} とする。

- ステップ 1：（繰返し探索の開始）　繰返し回数のカウンタを I とする。リンク重みの初期値を，タブーリストに登録されていないランダムな値に設定する。リンク重みの初期値を W_{itr} に設定し，この値をタブーリストに登録する。与えられたリンク重みを用いて，ネットワーク混雑率を求める。初回は，$W_{PSO} = W_{itr}$ とする。

- ステップ 2：式 (7.4) を用いて，すべてのリンク故障に対する最悪のネットワーク混雑率を求める。最悪のネットワーク混雑率に該当するリンクを特定する。

- ステップ 3：（次候補への移動）　すべてのリンク故障に対する最悪のリンク使用率が最大となるリンク重みを，当該リンク中の経路が変化するまで増加させる。その結果，そのリンク使用率が減少する。この更新されたリンク重みを次候補に設定し，タブーリストに登録する。もし，リンク重みが許容される最大値を超えた場合，ステップ 6 に進む。

- ステップ 4：（候補の評価）　新しいリンク重みに対して，すべてのリンク故障に対する最悪のネットワーク混雑率を求める。これが W_{itr} のネットワーク混雑率より小さければ，当該リンク重みを W_{itr} とする。ステップ 2 に戻る。もし，ステップ 2 からステップ 4 までの繰返しループにおいて，連続でネットワーク混雑率が小さくならない状態が，あらかじめ設定されている回数 $C_{\max}$ を超えれば，ステップ 5 に進む。

- ステップ5：W_{itr} のネットワーク混雑率が W_{PSO} のネットワーク混雑率より小さければ，$W_{PSO} = W_{itr}$ とする．
- ステップ6：$I = I + 1$ とし，I が繰返し回数の最大値 $I_{\max}$ を超えなければ，ステップ1に戻る．そうでなければ，アルゴリズムを終了する．

式 (7.4) において，SO ではリンク故障なし ($l = 0$) の場合のみを考慮していたが，PSO ではすべてのリンク故障 $l \in F$ を考慮している．PSO-L と PSO-W が異なる点は，式 (7.5) におけるリンク重みの候補の範囲 W_{cand} である．PSO-L では限定されたリンク重みの候補を考えているのに対して，PSO-W では広範囲の候補を考慮している．

PSO-L と PSO-W の違いを明確にするために，図 7.13，図 7.14 にそれぞれのフローチャートを示す．PSO-L では，リンク故障を考慮したネットワークに対して，リンク重みのタブー探索を行う．PSO-W では，リンク重みのタブー探索の中で，リンク故障を考慮している．

〔3〕 **PSO-W の性能**　　シミュレーションを用いて，PSO-W の性能を SO

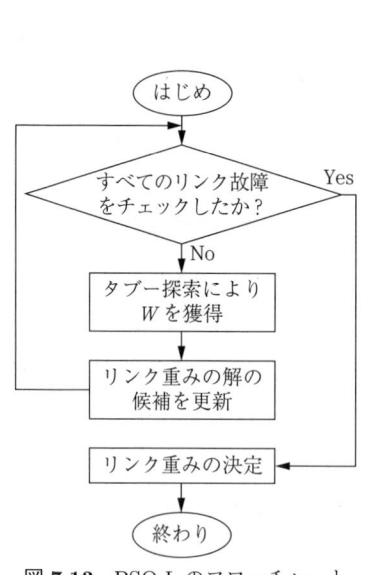

図 **7.13**　PSO-L のフローチャート 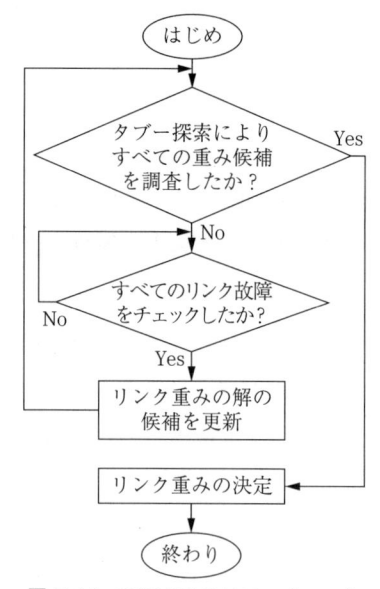　　図 **7.14**　PSO-W のフローチャート

7.3 ネットワーク故障を考慮した予防的リンク重み決定法

や RO の性能と比較する。性能指標は，ネットワーク混雑率 r である。**図 7.15** に示したネットワークに対して，リンクの容量と発着ノード間のトラヒック需要を一様分布でランダムに発生させて，r の平均値を調べる。〔2〕で述べたパラメータ $C_{\max}$ と $I_{\max}$ の値として，$C_{\max} = 30$，$I_{\max} = 1\,000$ を設定した。

(a) ネットワーク 1　　(b) ネットワーク 2

(c) ネットワーク 3　　(d) ネットワーク 4

(e) ネットワーク 5　　(f) ネットワーク 6

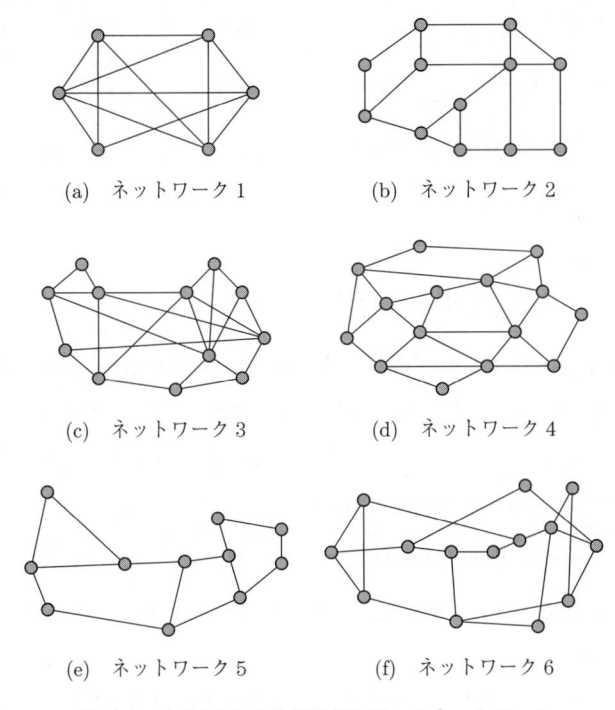

図 7.15 PSO-W の性能評価に用いたネットワーク

$r(l)$ を，リンク故障 $l \in F$ に対するネットワーク混雑率とする。異なるリンク重み決定方式によるネットワーク混雑率 $r(l)$ を比較するために，PSO-W，SO，RO の $r(l)$ を，リンク故障がない場合 $(l=0)$ における SO のネットワーク混雑率で規格化したものを考える。これらをそれぞれ，$r_{PSO-W}(l), r_{SO}(l), r_{RO}(l)$ とする。

表 7.4 は，最悪のネットワーク混雑率の比較を示している。最悪のネットワーク混雑率とは，図 7.15 におけるすべてのリンク故障のシナリオを想定した場

表 7.4 すべてのリンク故障シナリオに対する最悪のネットワーク混雑率の比較

	$\max_{l \in F} r_{PSO-W}(l)$	$\max_{l \in F} r_{SO}(l)$	$\max_{l \in F} r_{RO}(l)$	α
ネットワーク 1	1.58	1.83	1.58	0.14
ネットワーク 2	1.36	1.67	1.27	0.19
ネットワーク 3	1.45	1.82	1.39	0.20
ネットワーク 4	2.00	2.00	2.00	0.00
ネットワーク 5	6.95	7.04	6.59	0.06
ネットワーク 6	1.76	1.83	1.42	0.04

合のネットワーク混雑率の最大値であり,各方式に対して,$\max_{l \in F} r_{PSO-W}(l)$, $\max_{l \in F} r_{SO}(l)$, $\max_{l \in F} r_{RO}(l)$ と表現される.これらの値に対して,次式の関係が成り立つ.

$$\max_{l \in F} r_{RO}(l) \leqq \max_{l \in F} r_{PSO-W}(l) \leqq \max_{l \in F} r_{SO}(l) \tag{7.9}$$

式 (7.9) は,PSO-W が,RO におけるリンク重みの変更によるルーチングの不安定性を回避しつつ,最悪のネットワーク混雑率を SO より低減できることを示している.最悪のネットワーク混雑率の削減率 α は次式で定義される.

$$\alpha = \frac{\max_{l \in F} r_{SO}(l) - \max_{l \in F} r_{PSO-W}(l)}{\max_{l \in F} r_{SO}(l)} \tag{7.10}$$

α を表 7.4 に示した.α の値は,評価に用いたネットワークモデルに対して 0.00〜0.19 であった.

表 7.5 は,リンク故障がない場合のネットワーク混雑率を示している.ここで

$$r_{SO}(0) = r_{RO}(0) \leqq r_{PSO-W}(0) \tag{7.11}$$

の関係が成り立つ.リンク故障がない場合,つまり $l = 0$ のとき,$r_{PSO-W}(0)$

表 7.5 リンク故障がない場合のネットワーク混雑率の比較

	$r_{PSO-W}(0)$	$r_{SO}(0)(= r_{RO}(0))$	β
ネットワーク 1	1.08	1.00	0.08
ネットワーク 2	1.05	1.00	0.05
ネットワーク 3	1.07	1.00	0.07
ネットワーク 4	1.00	1.00	0.00
ネットワーク 5	4.01	1.00	3.01
ネットワーク 6	1.04	1.00	0.04

は $r_{SO}(0)(=r_{RO}(0))$ より大きくなる可能性がある．なぜなら PSO-W は，すべてのリンク故障のシナリオを考慮して，最悪のネットワーク混雑率が小さくなるようにリンク重みを決定しているからである．$r_{PSO-W}(0)$ と $r_{SO}(0)$ の差を表現する指標として，β を次式で定義する．

$$\beta = \frac{r_{PSO-W}(0) - r_{SO}(0)}{r_{SO}(0)} \qquad (7.12)$$

β の値を，表 7.5 に示す．PSO-W では，最悪のネットワーク混雑率を低減するために，リンク故障がない場合に対しては β という犠牲を払っている．

最後に PSO-W と PSO-L の性能を，α の指標を用いて比較する．**表 7.6** は，PSO-W と PSO-L による最悪のネットワーク混雑率の削減率 α_{PSO-W} と α_{PSO-L} を比較している．Δ は次式で定義される．

$$\Delta = \alpha_{PSO-W} - \alpha_{PSO-L} \qquad (7.13)$$

表 7.6 より，ネットワーク 4 の場合を除き，PSO-W は，PSO-L と比較して，最悪の場合を想定したネットワーク混雑率を低減していることがわかる．ネットワーク 4 は，PSO-W や PSO-L を用いても，SO と比較してもともと削減効果が出ていないケースである．

表 7.6 PSO-W と PSO-L による最悪のネットワーク混雑率の削減率の比較

	α_{PSO-W}	α_{PSO-L}	Δ
ネットワーク 1	0.136	0.033	0.103
ネットワーク 2	0.185	0.067	0.118
ネットワーク 3	0.202	0.164	0.038
ネットワーク 4	0.000	0.000	0.000
ネットワーク 5	0.064	0.058	0.006
ネットワーク 6	0.038	0.027	0.011

付　　　　　録

A.1　式 (6.7 a)〜(6.7 c) の導出

式 (6.6 a)〜(6.6 c) から，2.4 節で述べた双対定理を用いて，式 (6.7 a)〜(6.7 c) が導出される．

式 (6.6 a)〜(6.6 c) は，(i,j) を通過するトラヒック量を最大とする $\boldsymbol{T} = \{t_{ij}\}$ を求める線形計画問題であり，これを主問題として扱い，次式のように行列で表記する．

$$\text{目的関数}\quad \max\quad \boldsymbol{X}_{ij}^T \boldsymbol{t} \tag{A.1a}$$

$$\text{制約条件}\quad \boldsymbol{At} \leqq \boldsymbol{C} \tag{A.1b}$$

$$\boldsymbol{t} \geqq \boldsymbol{0} \tag{A.1c}$$

ただし

$$\boldsymbol{t}^T = [d_{11} d_{12} \cdots d_{1N} | \cdots | t_{N1} t_{N2} \cdots t_{NN}] \tag{A.2a}$$

$$\boldsymbol{X}_{ij}^T = [x_{ij}^{11} x_{ij}^{12} \cdots x_{ij}^{1N} | \cdots | x_{ij}^{N1} x_{ij}^{N2} \cdots x_{ij}^{NN}] \tag{A.2b}$$

$$\boldsymbol{A} = \left[\begin{array}{cccc|cccc|cccc|c|cccc}
1 & 1 & \cdots & 1 & 0 & 0 & \cdots & 0 & 0 & 0 & \cdots & 0 & \cdots & 0 & 0 & \cdots & 0 \\
0 & 0 & \cdots & 0 & 1 & 1 & \cdots & 1 & 0 & 0 & \cdots & 0 & \cdots & 0 & 0 & \cdots & 0 \\
0 & 0 & \cdots & 0 & 0 & 0 & \cdots & 0 & 1 & 1 & \cdots & 1 & \cdots & 0 & 0 & \cdots & 0 \\
& & \cdots & & & & \cdots & & & & \cdots & & & & & \cdots & \\
0 & 0 & \cdots & 0 & 0 & 0 & \cdots & 0 & 0 & 0 & \cdots & 0 & \cdots & 1 & 1 & \cdots & 1 \\
\hline
1 & 0 & \cdots & 0 & 1 & 0 & \cdots & 0 & 1 & 0 & \cdots & 0 & \cdots & 1 & 0 & \cdots & 0 \\
0 & 1 & \cdots & 0 & 0 & 1 & \cdots & 0 & 0 & 1 & \cdots & 0 & \cdots & 0 & 1 & \cdots & 0 \\
& & \cdots & & & & \cdots & & & & \cdots & & & & & \cdots & \\
0 & 0 & \cdots & 1 & 0 & 0 & \cdots & 1 & 0 & 0 & \cdots & 1 & \cdots & 0 & 0 & \cdots & 1
\end{array}\right] \tag{A.2c}$$

$$\boldsymbol{C}^T = [\alpha_1 \alpha_2 \cdots \alpha_N | \beta_1 \beta_2 \cdots \beta_N] \tag{A.2d}$$

である．N は，ネットワーク内のノード数である．$\boldsymbol{t}$ と $\boldsymbol{X}_{ij}$ は $NN \times 1$ 行列，$\boldsymbol{A}$ は

$2N \times NN$ 行列, C は $2N \times 1$ 行列である.

主問題の式 (A.1a)～(A.1c) に対する双対問題は,次式で表される.

目的関数　　min　$C^T z_{ij}$　　　　　　　　　　　　　　(A.3a)

制約条件　　$A^T z \geqq X_{ij}$　　　　　　　　　　　　　(A.3b)

$\qquad\qquad z_{ij} \geqq 0$　　　　　　　　　　　　　　　　　(A.3c)

ただし

$$z_{ij}^T = [\pi_{ij}(1)\pi_{ij}(2)\cdots\pi_{ij}(N)|\lambda_{ij}(1)\lambda_{ij}(2)\cdots\lambda_{ij}(N)] \qquad (A.4)$$

である. z_{ij} は $2N \times 1$ 行列である. 式 (A.3a)～(A.3c) は,式 (6.7a)～(6.7c) の行列表記である.

A.2　式 (6.12a)～(6.12c) の導出

式 (6.11a)～(6.11d) から,2.4 節で述べた双対定理を用いて,式 (6.12a)～(6.12c) が導出される.

式 (6.11a)～(6.11d) は,(i,j) を通過するトラヒック量を最大とする $T = \{t_{ij}\}$ を求める線形計画問題であり,これを主問題として扱い,次式のように行列で表記する.

目的関数　　max　$X_{ij}^T t$　　　　　　　　　　　　　　(A.5a)

制約条件　　$At \leqq C$　　　　　　　　　　　　　　　　(A.5b)

$\qquad\qquad t \geqq 0$　　　　　　　　　　　　　　　　　　(A.5c)

ただし

$$t^T = [t_{11}t_{12}\cdots t_{1N}|\cdots|t_{N1}t_{N2}\cdots t_{NN}] \qquad (A.6a)$$

$$X_{ij}^T = [x_{ij}^{11}x_{ij}^{12}\cdots x_{ij}^{1N}|\cdots|x_{ij}^{N1}x_{ij}^{N2}\cdots x_{ij}^{NN}] \qquad (A.6b)$$

$$A = \begin{bmatrix}
1 & 1 & \cdots & 1 & 0 & 0 & \cdots & 0 & 0 & 0 & \cdots & 0 & \cdots & 0 & 0 & \cdots & 0 \\
0 & 0 & \cdots & 0 & 1 & 1 & \cdots & 1 & 0 & 0 & \cdots & 0 & \cdots & 0 & 0 & \cdots & 0 \\
0 & 0 & \cdots & 0 & 0 & 0 & \cdots & 0 & 1 & 1 & \cdots & 1 & \cdots & 0 & 0 & \cdots & 0 \\
& \cdots & & & & \cdots & & & & \cdots & & & \cdots & & \cdots & & \\
0 & 0 & \cdots & 0 & 0 & 0 & \cdots & 0 & 0 & 0 & \cdots & 0 & \cdots & 1 & 1 & \cdots & 1 \\
\hline
1 & 0 & \cdots & 0 & 1 & 0 & \cdots & 0 & 1 & 0 & \cdots & 0 & \cdots & 1 & 0 & \cdots & 0 \\
0 & 1 & \cdots & 0 & 0 & 1 & \cdots & 0 & 0 & 1 & \cdots & 0 & \cdots & 0 & 1 & \cdots & 0 \\
& \cdots & & & & \cdots & & & & \cdots & & & \cdots & & \cdots & & \\
0 & 0 & \cdots & 1 & 0 & 0 & \cdots & 1 & 0 & 0 & \cdots & 1 & \cdots & 0 & 0 & \cdots & 1 \\
\hline
1 & 0 & \cdots & 0 & 0 & 0 & \cdots & 0 & 0 & 0 & \cdots & 0 & \cdots & 0 & 0 & \cdots & 0 \\
0 & 1 & \cdots & 0 & 0 & 0 & \cdots & 0 & 0 & 0 & \cdots & 0 & \cdots & 0 & 0 & \cdots & 0 \\
& \cdots & & & & \cdots & & & & \cdots & & & \cdots & & \cdots & & \\
0 & 0 & \cdots & 1 & 0 & 0 & \cdots & 0 & 0 & 0 & \cdots & 0 & \cdots & 0 & 0 & \cdots & 0 \\
\hline
& \cdots & & & & \cdots & & & & \cdots & & & \cdots & & \cdots & & \\
\hline
0 & 0 & \cdots & 0 & 0 & 0 & \cdots & 0 & 0 & 0 & \cdots & 0 & \cdots & 1 & 0 & \cdots & 0 \\
0 & 0 & \cdots & 0 & 0 & 0 & \cdots & 0 & 0 & 0 & \cdots & 0 & \cdots & 0 & 1 & \cdots & 0 \\
& \cdots & & & & \cdots & & & & \cdots & & & \cdots & & \cdots & & \\
0 & 0 & \cdots & 0 & 0 & 0 & \cdots & 0 & 0 & 0 & \cdots & 0 & \cdots & 0 & 0 & \cdots & 1 \\
\hline
-1 & 0 & \cdots & 0 & 0 & 0 & \cdots & 0 & 0 & 0 & \cdots & 0 & \cdots & 0 & 0 & \cdots & 0 \\
0 & -1 & \cdots & 0 & 0 & 0 & \cdots & 0 & 0 & 0 & \cdots & 0 & \cdots & 0 & 0 & \cdots & 0 \\
& \cdots & & & & \cdots & & & & \cdots & & & \cdots & & \cdots & & \\
0 & 0 & \cdots & -1 & 0 & 0 & \cdots & 0 & 0 & 0 & \cdots & 0 & \cdots & 0 & 0 & \cdots & 0 \\
\hline
& \cdots & & & & \cdots & & & & \cdots & & & \cdots & & \cdots & & \\
\hline
0 & 0 & \cdots & 0 & 0 & 0 & \cdots & 0 & 0 & 0 & \cdots & 0 & \cdots & -1 & 0 & \cdots & 0 \\
0 & 0 & \cdots & 0 & 0 & 0 & \cdots & 0 & 0 & 0 & \cdots & 0 & \cdots & 0 & -1 & \cdots & 0 \\
& \cdots & & & & \cdots & & & & \cdots & & & \cdots & & \cdots & & \\
0 & 0 & \cdots & 0 & 0 & 0 & \cdots & 0 & 0 & 0 & \cdots & 0 & \cdots & 0 & 0 & \cdots & -1 \\
\end{bmatrix}$$

(A.6 c)

$$\begin{aligned}
C^T = &[\alpha_1 \alpha_2 \cdots \alpha_N | \beta_1 \beta_2 \cdots \beta_N | \\
& \gamma_{11} \gamma_{12} \cdots \gamma_{1N} | \cdots | \gamma_{N1} \gamma_{N2} \cdots \gamma_{NN} | \\
& -\delta_{11} - \delta_{12} \cdots - \delta_{1N} | \cdots | -\delta_{N1} - \delta_{N2} \cdots - \delta_{NN}]
\end{aligned}$$

(A.6 d)

である。N は，ネットワーク内のノード数である。t と X_{ij} は $NN \times 1$ 行列，A は $(2N + 2NN) \times NN$ 行列，C は $(2N + 2NN) \times 1$ 行列である。

主問題の式 (A.1a)～(A.1c) に対する双対問題は，次式で表される．

$$\text{目的関数} \quad \min \quad \boldsymbol{C}^T \boldsymbol{z}_{ij} \tag{A.7a}$$

$$\text{制約条件} \quad \boldsymbol{A}^T \boldsymbol{z} \geqq \boldsymbol{X}_{ij} \tag{A.7b}$$

$$\boldsymbol{z}_{ij} \geqq 0 \tag{A.7c}$$

ただし

$$\begin{aligned}\boldsymbol{z}_{ij}^T = & [\pi_{ij}(1)\pi_{ij}(2)\cdots\pi_{ij}(N)|\lambda_{ij}(1)\lambda_{ij}(2)\cdots\lambda_{ij}(N)| \\ & \eta_{ij}(1,1)\eta_{ij}(1,2)\cdots\eta_{ij}(1,N)|\cdots|\eta_{ij}(N,1)\eta_{ij}(N,2)\cdots\eta_{ij}(N,N)| \\ & \theta_{ij}(1,1)\theta_{ij}(1,2)\cdots\theta_{ij}(1,N)|\cdots|\theta_{ij}(N,1)\theta_{ij}(N,2)\cdots\theta_{ij}(N,N)]\end{aligned} \tag{A.8}$$

である．$\boldsymbol{z}_{ij}$ は $(2N+2NN) \times 1$ 行列である．式 (A.7a)～(A.7c) は，式 (6.12a)～(6.12c) の行列表記である．

A.3 式 (6.16a)～(6.16d) の導出

式 (6.15a)～(6.15d) から，2.4節で述べた双対定理を用いて，式 (6.16a)～(6.16c) が導出される．

式 (6.15a)～(6.15d) は，(i,j) を通過するトラヒック量を最大とする $\boldsymbol{T} = \{t_{ij}\}$ を求める線形計画問題であり，これを主問題として扱い，次式のように行列で表記する．

$$\text{目的関数} \quad \max \quad \boldsymbol{X}_{ij}^T \boldsymbol{t} \tag{A.9a}$$

$$\text{制約条件} \quad \boldsymbol{A}\boldsymbol{t} \leqq \boldsymbol{C} \tag{A.9b}$$

$$\boldsymbol{t} \geqq 0 \tag{A.9c}$$

ただし

$$\boldsymbol{t}^T = [t_{11}t_{12}\cdots d_{1N}|\cdots|t_{N1}t_{N2}\cdots t_{NN}] \tag{A.10a}$$

$$\boldsymbol{X}_{ij}^T = [x_{ij}^{11}x_{ij}^{12}\cdots x_{ij}^{1N}|\cdots|x_{ij}^{N1}x_{ij}^{N2}\cdots x_{ij}^{NN}] \tag{A.10b}$$

$$\boldsymbol{A} = \begin{bmatrix} 1 & 1 & \cdots & 1 & 0 & 0 & \cdots & 0 & \cdots & 0 & 0 & \cdots & 0 \\ 0 & 0 & \cdots & 0 & 1 & 1 & \cdots & 1 & \cdots & 0 & 0 & \cdots & 0 \\ & & \cdots & & & & \cdots & & & & & \cdots & \\ 0 & 0 & \cdots & 0 & 0 & 0 & \cdots & 0 & \cdots & 1 & 1 & \cdots & 1 \\ 1 & 0 & \cdots & 0 & 1 & 0 & \cdots & 0 & \cdots & 1 & 0 & \cdots & 0 \\ 0 & 1 & \cdots & 0 & 0 & 1 & \cdots & 0 & \cdots & 0 & 1 & \cdots & 0 \\ & & \cdots & & & & \cdots & & & & & \cdots & \\ 0 & 0 & \cdots & 1 & 0 & 0 & \cdots & 1 & \cdots & 0 & 0 & \cdots & 1 \\ a_{11}^{11} & a_{12}^{11} & \cdots & a_{1N}^{11} & a_{21}^{11} & a_{22}^{11} & \cdots & a_{2N}^{11} & \cdots & a_{31}^{11} & a_{32}^{11} & \cdots & a_{3N}^{11} \\ a_{11}^{12} & a_{12}^{12} & \cdots & a_{1N}^{12} & a_{21}^{12} & a_{22}^{12} & \cdots & a_{2N}^{12} & \cdots & a_{31}^{12} & a_{32}^{12} & \cdots & a_{3N}^{12} \\ & & \cdots & & & & \cdots & & & & & \cdots & \\ a_{11}^{1N} & a_{12}^{1N} & \cdots & a_{1N}^{1N} & a_{21}^{1N} & a_{22}^{1N} & \cdots & a_{2N}^{1N} & \cdots & a_{31}^{1N} & a_{32}^{1N} & \cdots & a_{3N}^{1N} \\ & & \cdots & & & & \cdots & & & & & \cdots & \\ a_{11}^{N1} & a_{12}^{N1} & \cdots & a_{1N}^{N1} & a_{21}^{N1} & a_{22}^{N1} & \cdots & a_{2N}^{N1} & \cdots & a_{31}^{N1} & a_{32}^{N1} & \cdots & a_{3N}^{N1} \\ a_{11}^{N2} & a_{12}^{N2} & \cdots & a_{1N}^{N2} & a_{21}^{N2} & a_{22}^{N2} & \cdots & a_{2N}^{N2} & \cdots & a_{31}^{N2} & a_{32}^{N2} & \cdots & a_{3N}^{N2} \\ & & \cdots & & & & \cdots & & & & & \cdots & \\ a_{11}^{NN} & a_{12}^{NN} & \cdots & a_{1N}^{NN} & a_{21}^{NN} & a_{22}^{NN} & \cdots & a_{2N}^{NN} & \cdots & a_{31}^{NN} & a_{32}^{NN} & \cdots & a_{3N}^{NN} \end{bmatrix}$$

(A.10 c)

$$\boldsymbol{C}^T = [\alpha_1 \alpha_2 \cdots \alpha_N | \beta_1 \beta_2 \cdots \beta_N | y_{11} \cdots y_{1N} | \cdots | y_{N1} \cdots y_{NN}] \quad \text{(A.10 d)}$$

である。N は,ネットワーク内のノード数である。t と $\boldsymbol{X}_{ij}$ は $NN \times 1$ 行列,$\boldsymbol{A}$ は $(2N + NN) \times NN$ 行列,$\boldsymbol{C}$ は $(2N + NN) \times 1$ 行列である。

主問題の式 (A.9 a)〜(A.9 c) に対する双対問題は,次式で表される。

目的関数　min　$\boldsymbol{C}^T \boldsymbol{z}_{ij}$　　　　　　　　　　　　　　　(A.11 a)

制約条件　$\boldsymbol{A}^T \boldsymbol{z} \geqq \boldsymbol{X}_{ij}$　　　　　　　　　　　　　　　(A.11 b)

　　　　　$\boldsymbol{z}_{ij} \geqq \boldsymbol{0}$　　　　　　　　　　　　　　　　　(A.11 c)

ただし

$$\boldsymbol{z}_{ij}^T = [\pi_{ij}(1)\pi_{ij}(2) \cdots \pi_{ij}(N) | \lambda_{ij}(1)\lambda_{ij}(2) \cdots \lambda_{ij}(N) |$$
$$\theta_{ij}(1,1)\theta_{ij}(1,2) \cdots \theta_{ij}(1,N)] \quad \text{(A.12)}$$

である。$\boldsymbol{z}_{ij}$ は $(2N + NN) \times 1$ 行列である。式 (A.11 a)〜(A.11 c) は,式 (6.16 a)〜(6.16 d) の行列表記である。

引用・参考文献

1) E.W. Dijkstra : A Note on Two Problems in Connexion with Graphs, Numerische Mathematik 1, pp. 269-271 (1959)
2) R. Bellman : On a Routing Problem, Quarterly of Applied Mathematics, Vol. 16, No. 1, pp. 87-90 (1958)
3) L. R. Ford, Jr. and D.R. Fulkerson : Flows in Networks, Princeton University Press (1962)
4) R. Bhandari : Survivable Networks: Algorithms for Diverse Routing, 477, Springer, p. 46 (1999)
5) J.W. Suurballe : Disjoint Paths in a Network, Networks Vol. 4, No. 2, pp. 125-145 (1974)
6) J.W. Suurballe and R.E. Tarjan : A Quick Method for Finding Shortest Pairs of Disjoint Paths, Networks Vol. 14, No. 2, pp. 325-336 (1984)
7) E. Oki, N. Matsuura, K. Shiomoto and N. Yamanaka : A Disjoint Path Selection Scheme with Shared Risk Link Groups in GMPLS Networks, IEEE Commun. Letters, Vol. 6, No. 9, pp. 406-408 (2002)
8) D. A. Dunn, W. D. Grover and M. H. MacGregor : Comparison of k-Shortest Paths and Maximum Flow Routing for Network Facility Restoration, IEEE J. Selct. Areas Commun., Vol. 12, No. 1, pp. 88-99 (1994)
9) E. Oki and N. Yamanaka : A Recursive Matrix-Calculation Method for Disjoint Path Search with Hop Link Number Constraints, IEICE Trans. Commun., Vol. E78-B, No. 5, pp. 769-774 (1995)
10) M. R. Garey and D. S. Johnson : Computers and Intractability: A Guide to the Theory of NP-Completeness, W. H. Freeman and Company, San Francisco, pp. 217-218 (1979)
11) J. E. Baker : A Distributed Link Restoration Algorithm with Robust Preplanning, Proc. IEEE Globecom 1991, pp. 306-311 (1991)
12) H. Zang, J. Jue and B. Mukherjee : A Review of Routing and Wavelength Assignment Approaches for Wavelength-Routed Optical WDM Networks,

Optical Networks Magazine, Vol. 1, No. 1, pp. 47-60 (2000)

13) D. Banerjee and B. Mukherjee：A Practical Approach for Routing and Wavelength Assignment in Large Wavelength-Routed Optical Networks, IEEE J. Sel. Areas Commun., Vol. 14, No. 5 pp. 903-908 (1996)

14) B. Mukherjee：Optical WDM Networks, Springer (2006)

15) R. Zhang-Shen and N. McKeown：Designing a Fault-Tolerant Network Using Valiant Load-Balancing, IEEE Infocom 2008 (2008)

16) A. Juttner, I. Szabo and A. Szentesi：On Bandwidth Efficiency of the Hose Resource Management Model in Virtual Private Networks, IEEE Infocom 2003, pp. 386-395 (2003).

17) N. G. Duffield, P. Goyal, A. Greenberg, P. Mishra, K. K. Ramakrishnan and J. E. van der Merwe：Resource Management with Hoses: Point-to-Cloud Services for Virtual Private Networks, IEEE/ACM Trans. on Networking, Vol. 10, No. 5, pp. 679-692 (2002)

18) A. Kumar, R. Rastogi, A. Silberschatz and B. Yener：Algorithms for Provisioning Virtual Private Networks in the Hose Model, the 2001 Conference on Applications, Technologies, Architectures, and Protocols for Computer Communications, pp. 135-146 (2001)

19) Y. Wang and Z. Wang：Explicit Routing Algorithms for Internet Traffic Engineering, IEEE International Conference on Computer Communications and Networks (ICCCN) (1999)

20) J. Chu and C. Lea：Optimal Link Weights for Maximizing QoS Traffic, IEEE ICC 2007, pp. 610-615 (2007)

21) J. Chu and C. Lea：Optimal Link Weights for IP-based Networks Supporting Hose-Model VPNs, IEEE/ACM Trans. Networking, Vol. 17, No. 3, pp. 778-788 (2009)

22) M. Kodialam, T. V. Lakshman, J. B. Orlin and S. Sengupta：Pre-Configuring IP-over-Optical Networks to Handle Router Failures and Unpredictable Traffic, IEEE Infocom 2006 (2006)

23) M. Kodialam, T. V. Lakshman, J. B. Orlin and S. Sengupta：Oblivious Routing of Highly Variable Traffic in Service Overlays and IP Backbones, IEEE/ACM Trans. Networking, Vol. 17, No. 2, pp. 459-472 (2009)

24) D. Applegate and E. Cohen：Making Routing Robust to Changing Traffic Demands: Algorithms and Evaluation, IEE/ACM Trans. Networking, Vol. 14,

No. 6, pp. 1193-1206 (2006)
25) B. Towles and W. J. Dally : Worst-Case Traffic for Oblivous Routing Functions, IEEE Computer Architecture Letters, Vol. 1, No. 1 (2002)
26) D. Applegate and E. Cohen : Making Intra-Domain Routing Robust to Changing and Uncertain Traffic Demands: Understanding Fundamental Tradeoffs, Proc. of SIGCOMM 2003 (2003)
27) M. Bienkowski, M. Korzeniowski and H. Räcke : A Practical Algorithm for Constructing Oblivious Routing Schemes, Proc. of SPAA 2003 (2003)
28) E. Oki and A. Iwaki : Performance Comparisons of Optimal Routing by Pipe, Hose, and Intermediate Models, IEEE Sarnoff 2009 (2009)
29) E. Oki and A. Iwaki : Performance of Optimal Routing by Pipe, Hose, and Intermediate Models, IEICE Trans. Commun., Vol. E93-B, No. 5, pp. 1180-1189 (2010)
30) Y. Zhang, M. Roughan, N. Duffield and A. Greenberg : Fast Accurate Computation of Large-Scale IP Traffic Matrices from Link Loads, ACM SIGMETRICS 2003, pp. 206-217 (2003)
31) A. Nucci, R. Cruz, N. Taft and C. Diot : Design of IGP Link Weight Changes for Estimation of Traffic Matrices, INFOCOM 2004, Vol. 4, pp. 2341-2351 (2004)
32) Y. Ohsita, T. Miyamura, S. Arakawa, S. Ata, E. Oki, K. Shiomoto and M. Murata : Gradually Reconfiguring Virtual Network Topologies based on Estimated Traffic Matrices, INFOCOM 2007, pp. 2511-2515 (2007)
33) A. Medina, N. Taft, K. Salamatian, S. Bhattacharyya and C. Diot : Traffic Matrix Estimation: Existing Techniques and New Directions, ACM SIGCOMM 2002, pp. 161-174 (2002)
34) Y. Kitahara and E. Oki : Optimal Routing Strategy by Hose Model with Link-Traffic Bounds, IEEE Globecom 2011 (2011)
35) J. Moy : OSPF Version 2, RFC 2328 (1998)
36) D. Oran : OSI IS-IS Intra-Domain Routing Protocol, RFC 1142 (1990)
37) C. Hedrick : Routing Information Protocol, RFC 1058 (1988)
38) G. Malkin : Routing Information Protocol, RFC 2453 (1998)
39) B. Fortz and M. Thorup : Optimizing OSPF/IS-IS Weights in a Changing World, IEEE Journal on Selected Areas in Communications, Vol. 20, No. 4, pp. 756-767 (2002)

40) B. Fortz, J. Rexford and M. Thorup : Traffic Engineering with Traditional IP Protocols, IEEE Commun. Mag., Vol. 40, No. 10, pp. 118-124 (2002)
41) A. Nucci and N. Taft : IGP Link Weight Assignment for Operational Tier-1 Backbones, IEEE/ACM Transaction on Networking, Vol. 15, No. 4, pp. 789-802 (2007)
42) M.K. Islam and E. Oki : PSO: Preventive Start-Time Optimization of OSPF Link Weights to Counter Network Failure, IEEE Commun. Letters, Vol. 14, No. 6, pp. 581-583 (2010)
43) M.K. Islam and E. Oki : Optimization of OSPF Link Weights to Counter Network Failure, IEICE Trans. Commun., Vol. E94-B, No. 7, pp. 1964-1972 (2011)
44) E. Oki and A. Iwaki : F-TPR: Fine Two-Phase IP Routing Scheme over Shortest Paths for Hose Model, IEEE Commun. Letters, Vol. 13, No. 4, pp. 277-279 (2009)

章末問題解答

2章

【1】 解図 2.1 に，実行可能領域と最適解を示す。目的関数の値を z とし，$z = 8x_1 + 6x_2$ を最大化することを考える。z を最大化することは，直線 $x_2 = -(4/3)x_1 + z/6$ が実行可能領域を通るという条件で，$x_2 = -(4/3)x_1 + z/6$ と x_2 軸との交点の x_2 座標の値 $z/6$ を最大化するということである。解図 2.1 より，$x_2 = -(4/3)x_1 + z/6$ が $(x_1, x_2) = (12, 6)$ を通るとき，最大値 $z = 132$ を得る。端点法やシンプレックス法で解いてもよい。

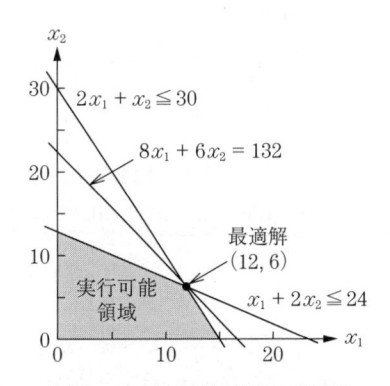

解図 2.1 実行可能領域と最適解

【2】 端点法を用いて解く。解図 2.2 に，実行可能領域と端点を示す。

解表 2.1 に，各端点に対する目的関数の値を示す。表より，$(x_1, x_2) = (12/5, 42/5)$ のとき，最大値 $624/5 (= 124.8)$ を得る。

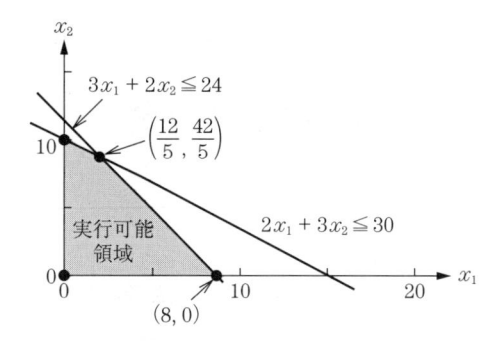

解図 2.2　実行可能領域と端点

解表 2.1　端点における $10x_1 + 12x_2$ の値

端点 (x_1, x_2)	$10x_1 + 12x_2$
$(0, 0)$	0
$(0, 10)$	120
$\left(\dfrac{12}{5}, \dfrac{42}{5}\right)$	$\dfrac{624}{5}(=124.8)$
$(8, 0)$	80

【3】　解図 2.3 に，シンプレックス法による解法例を示す．端点は，$(0, 3/10), (2, 1/10)$，$(5, 0)$ である．$(0, 3/10)$ から出発する．$(0, 3/10)$ の目的関数の値は 360 である．

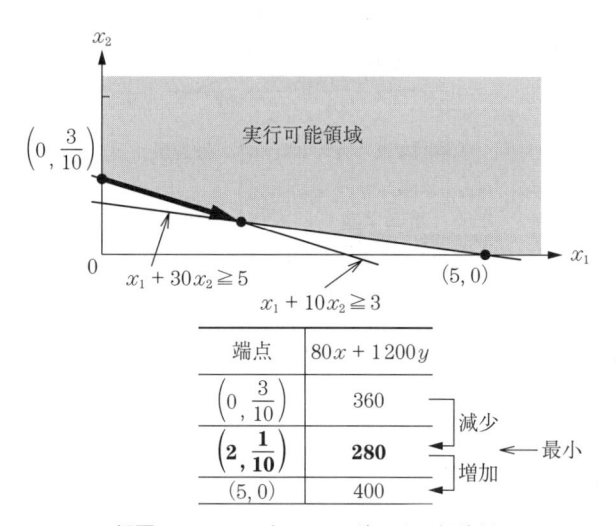

端点	$80x + 1200y$
$\left(0, \dfrac{3}{10}\right)$	360
$\left(2, \dfrac{1}{10}\right)$	**280** ← 最小
$(5, 0)$	400

解図 2.3　シンプレックス法による解法例

つぎに, $(2, 1/10)$ に移動すると, そこでの目的関数の値は 280 であり, 360 より減少している. さらに, $(5, 0)$ に移動すると, そこでの目的関数の値は 400 となり, 280 より増加している. したがって, $(x_1, x_2) = (2, 1/10)$ のときの最小値 280 を得る.

【 4 】 解図 2.4 に, 整数線形計画問題の実行可能解と最適解を示す. $(x_1, x_2) = (0, 10)$ のとき, 最大値 120 を得る.

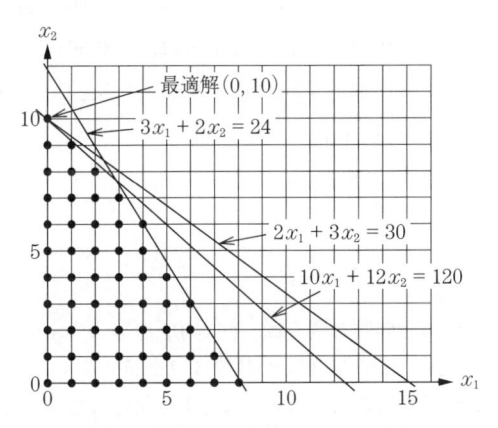

解図 2.4 整数線形計画問題の実行可能解と最適解

【 5 】 解図 2.5 に, 整数線形計画問題の実行可能解と最適解を示す. $(x_1, x_2) = (4, 6)$ のとき, 最大値 108 を得る.

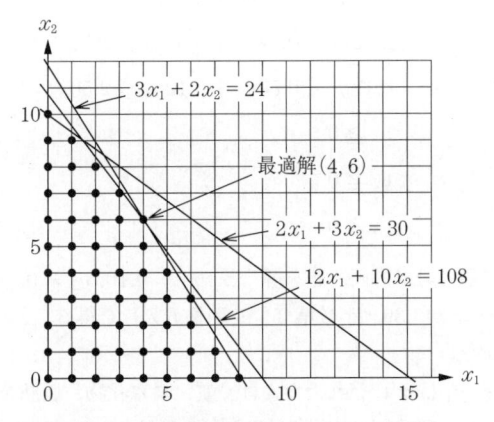

解図 2.5 整数線形計画問題の実行可能解と最適解

3章

【1】 (1) 原料 A, B, C, D の量をそれぞれ, x_1, x_2, x_3, x_4 [kg] とし, 全体の原料費を z [ドル] とする. 目的関数 z を最小化する線形計画問題は, 次式のように定式化される.

$$\text{目的関数} \quad \min \ z = 5.00x_1 + 7.50x_2 + 3.75x_3 + 2.50x_4$$

$$\text{制約条件} \quad 0.18x_1 + 0.31x_2 + 0.12x_3 + 0.18x_4 \geq 18$$

$$0.43x_1 + 0.25x_2 + 0.12x_3 + 0.50x_4 \geq 31$$

$$0.31x_1 + 0.37x_2 + 0.37x_3 + 0.12x_4 \geq 25$$

$$x_1 \geq 0$$

$$x_2 \geq 0$$

$$x_3 \geq 0$$

$$x_4 \geq 0$$

(2) (1) の線形計画問題を解くと, $x_1 = 0$, $x_2 = 0$, $x_3 = 44.83$, $x_4 = 70.12$ のとき, 最適値 $z = 343.39$ (小数第3位を四捨五入) を得る.

(3) (1) の線形計画問題 (主問題) に対する双対問題は, 決定変数 y_1, y_2, y_3 を導入し, 目的関数 w を最大化する線形計画問題として, 次式で表される.

$$\text{目的関数} \quad \max \ w = 18y_1 + 31y_2 + 25y_3$$

$$\text{制約条件} \quad 0.18y_1 + 0.43y_2 + 0.31y_3 \leq 5.00$$

$$0.31y_1 + 0.25y_2 + 0.37y_3 \leq 7.50$$

$$0.12y_1 + 0.12y_2 + 0.37y_3 \leq 3.75$$

$$0.18y_1 + 0.50y_2 + 0.12y_3 \leq 2.50$$

$$y_1 \geq 0$$

$$y_2 \geq 0$$

$$y_3 \geq 0$$

(4) 双対問題の線形計画問題を解くと, $y_1 = 9.10$, $y_2 = 0$, $y_3 = 7.18$ のとき, 最適値 $w = 343.39$ (小数第3位を四捨五入) を得る. よって, $z = w$ が確かめられた.

(5) y_1, y_2, y_3 はそれぞれ, たんぱく質, 炭水化物, 脂肪を1kg使用したときに得られる利益 [ドル/kg] と考えることができる. 双対問題は, 目的関数 $w = 18y_1 + 31y_2 + 25y_3$ であり, 健康食品を製造した場合の利益 [ドル/kg]

を最大化する。(3) の解答における制約条件の 2〜4 番目の式は，原料 A, B, C, D を使用した場合の利益が，それぞれの原料費を超えることはできないことを意味する。

【2】(1) シャンプー，リンス，コンディショナーの量をそれぞれ，x_1, x_2, x_3〔リットル〕とし，全体の利益を z〔ドル〕とする。目的関数 z を最大化する線形計画問題は，次式のように定式化される。

$$\begin{aligned}
\text{目的関数} \quad \max \quad & z = 1.5x_1 + 2.0x_2 + 2.5x_3 \\
\text{制約条件} \quad & 0.3x_1 + 0.5x_2 + 0.2x_3 \leq 100 \\
& 0.6x_1 + 0.3x_2 + 0.1x_3 \leq 150 \\
& 0.1x_1 + 0.2x_2 + 0.7x_3 \leq 200 \\
& x_1 \geq 0 \\
& x_2 \geq 30 \\
& x_3 \geq 0
\end{aligned}$$

(2) 線形計画問題を解くと，$x_1 = 108.95$, $x_2 = 30$, $x_3 = 261.579$ のとき，最適値 $z = 877.37$（小数第 3 位を四捨五入）を得る。

(3) 上記の線形計画問題（主問題）に対する双対問題は，決定変数 y_1, y_2, y_3, y_4 を導入し，目的関数 w を最小化する線形計画問題として，次式で表される。

$$\begin{aligned}
\text{目的関数} \quad \max \quad & w = 100y_1 + 150y_2 + 200y_3 - 30y_4 \\
\text{制約条件} \quad & 0.3y_1 + 0.6y_2 + 0.1y_3 \geq 1.5 \\
& 0.5y_1 + 0.3y_2 + 0.2y_3 - y_4 \geq 2.0 \\
& 0.2y_1 + 0.1y_2 + 0.7y_3 \geq 2.5 \\
& y_1 \geq 0 \\
& y_2 \geq 0 \\
& y_3 \geq 0 \\
& y_4 \geq 0
\end{aligned}$$

(4) 双対問題の線形計画問題を解くと，$y_1 = 4.21$, $y_2 = 0$, $y_3 = 2.37$, $y_4 = 0.58$ のとき，最適値 $w = 877.37$（小数第 3 位を四捨五入）を得る。よって，$z = w$ が確かめられた。

4章

【1】 プログラム 4.2（モデルファイル）を用いて，最短経路問題を解く．そのために，図 4.14 のネットワークに対応する入力ファイルを作成する．また，ダイクストラ法を用いて解いてもよい．ノード 1 からノード 6 までの最短経路は $1 \to 4 \to 5 \to 6$ であり，経路長は 4 である．ノード 2 からノード 6 までの最短経路は $2 \to 4 \to 5 \to 6$ であり，経路長は 5 である．

【2】 図 4.14 のネットワークに対して，リンク (4,5) を削除して（距離を無限大にして），最短経路問題を解く．ノード 1 からノード 6 までの最短経路は $1 \to 3 \to 5 \to 6$ であり，経路長は 7 である．ノード 2 からノード 6 までの最短経路は $2 \to 3 \to 5 \to 6$ であり，経路長は 6 である．

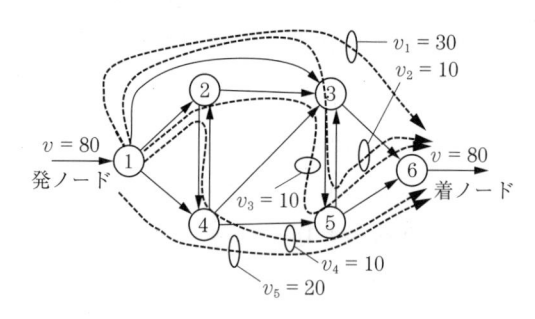

【3】 プログラム 4.10（モデルファイル）を用いて，最小費用流問題を解く．そのために，図 4.14 のネットワークに対応する入力ファイルを作成する．負閉路消去法による解法もある．解図 4.1 に解答例を示す．五つの経路にトラヒックが流れるが，それぞれの経路を経路 1，経路 2，経路 3，経路 4，経路 5 とする．経路 1 ($1 \to 3 \to 6$) にトラヒック量 $v_1 = 30$，経路 2 ($1 \to 3 \to 5 \to 6$) にトラヒック量 $v_2 = 10$，経路 3 ($1 \to 2 \to 3 \to 5 \to 6$) にトラヒック量 $v_3 = 10$，経路 4 ($1 \to 2 \to 4 \to 5 \to 6$) にトラヒック量 $v_4 = 10$，経路 5 ($1 \to 4 \to 5 \to 6$) にトラヒック量 $v_5 = 20$ が流れる．フロー全体の費用は 610 である．

解図 4.1 最小費用流問題の解答例

【4】 プログラム 4.6（モデルファイル）を用いて，最大流問題を解く．そのために，図 4.15 のネットワークに対応する入力ファイルを作成する．フロー増加法による解法もある．解図 4.2 に解答例を示す．五つの経路にトラヒックが流れるが，それぞれの経路を経路 1，経路 2，経路 3，経路 4，経路 5 とする．経路 1 ($1 \to 2 \to 5 \to 6$) にトラヒック量 $v_1 = 13$，経路 2 ($1 \to 2 \to 3 \to 6$) にトラヒック量 $v_2 = 10$，経路 3 ($1 \to 3 \to 6$) にトラヒック量 $v_3 = 32$，経路 4

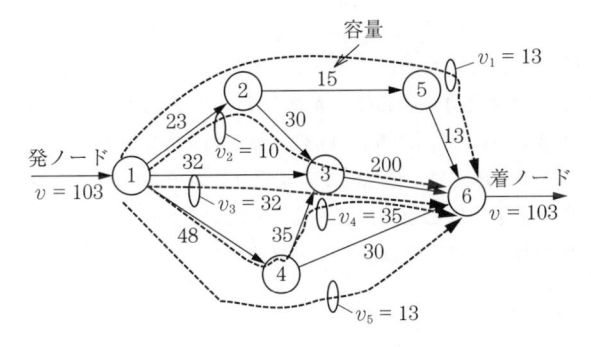

解図 4.2 最大流問題の解答例

$(1 \to 4 \to 3 \to 6)$ にトラヒック量 $v_4 = 35$，経路 5 $(1 \to 4 \to 6)$ にトラヒック量 $v_5 = 13$ が流れる。フロー全体のトラヒック量は，$v = 103$ である。

【5】 プログラム 4.10（モデルファイル）を用いて，最小費用流問題を解く。そのために，図 4.16 のネットワークに対応する入力ファイルを作成する。解図 4.3 に解答例を示す。三つの経路にトラヒックが流れるが，それぞれの経路を経路 1，経路 2，経路 3 とする。経路 1 $(1 \to 2 \to 4)$ にトラヒック量 $v_1 = 10$，経路 2 $(1 \to 2 \to 3 \to 4)$ にトラヒック量 $v_2 = 20$，経路 3 $(1 \to 3 \to 4)$ にトラヒック量 $v_3 = 10$ が流れる。フロー全体の費用は 202 である。

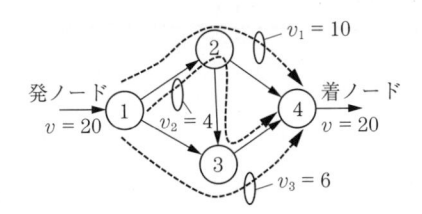

解図 4.3 最小費用流問題の解答例

5 章

【1】 プログラム 5.2（モデルファイル）を用いて，二つの独立経路の距離の合計を最小化する整数線形計画問題を解く。そのために，図 5.14 のネットワークに対応する入力ファイルを作成する。独立最短経路ペア法や Suurballe 法を用いてもよい。2 本の独立経路として，経路 $1 \to 8 \to 3 \to 4 \to 10 \to 7 \to 12$ と経路 $1 \to 2 \to 9 \to 5 \to 6 \to 11 \to 12$ を得る。二つの独立経路の距離の合計は 18 である。

【2】 プログラム 5.5（モデルファイル）を用いて，必要な波長数を最小化する整数計画問題を解く。そのために，図 5.15 のネットワークに対応する入力ファイルを作成する。最適化計算の結果，光パス 1 に λ_2，光パス 2 に λ_3，光パス 3 に λ_1，光パス 4 に λ_1，光パス 5 に λ_2 の波長が割り当てられ，必要波長数の最小値 3 を得る。この問題では，発見的なアルゴリズムである高ノード次数優先法を用いても必要波長数は 3 となり，最適値と一致する。ただし，高ノード次数優先法は，最適値を与えることを保証していない。

索　引

【お】
オブリビアスルーチング　107

【か】
下界　14
カットの容量　63

【き】
境界　8, 9
共有リスクリンク群　85, 86

【く】
グラフ彩色化問題　98

【け】
決定変数　7
限定的な候補　133

【こ】
高ノード次数優先法　101
広範囲な候補　133
混合整数計画問題　126
混合整数線形計画問題　25

【さ】
最小カット　63
最小費用流問題　4
最大流問題　2
最大流量　63
最短経路問題　2
最適解　6, 17
最適化問題　6

【し】
実行可能領域　14
出力ファイル　30
主問題　23
上界　14
シンプレックス法　17

【す】
数理計画問題　1

【せ】
正準形　10, 11
整数線形計画問題　25
制約条件　7
線形　9
線形計画問題　8

【そ】
双対定理　23
双対変数　23
双対問題　21, 23

【た】
ダイクストラ法　46
タブー探索法　128
多面集合　15
端点　14

【ち】
超平面　15

【つ】
通信ネットワーク　1

【と】
独立経路探索問題　77
独立最短経路ペア法　82
トラヒック需要　104

【に】
入力ファイル　41

【ね】
ネットワーク混雑率　105

【は】
パイプモデル　104
波長分割多重方式　95
波長割当て問題　96

【ひ】
光クロスコネクト　95
光パスネットワーク　95
非線形計画問題　9
標準形　13

【ふ】
負閉路消去法　71
フロー増加法　60

【へ】
ベルマン・フォード法　50

【ほ】
ホースモデル　107

【も】

目的関数	7
モデルファイル	30

【よ】

余裕変数	12

【る】

ルーチングプロトコル	122

【C】

canonical form	10

【D】

Dantzig	17
dual problem	23
dual theorem	23
dual variable	23

【G】

GLPK	29
GNU Linear Programming Kit	29

【H】

HLT モデル	117
Hose Model with Bounds of Source-Destination Traffic Demands	112
Hose Model with Link-Traffic Bounds	117
HSDT モデル	112

【I】

integer linear programming problem	25
Intermediate System to Intermediate System	123
Internet Protocol	122
IP	122
IP ネットワーク	95
IP パケット	122
IP ルータ	95
IS-IS	123

【L】

largest degree first 法	101
LDF 法	101
limited candidate	133
linear programming problem	8

【M】

mixed integer linear programming problem	25

【N】

n 次元	15

【O】

oblivious routing	107
Open Shortest Path First	123
OSPF	123

【P】

Preventive Start-Time Optimization	132
primal problem	23
PSO	132
PSO-L	133
PSO-W	133

【R】

RIP	123
RO	132
Routing Information Protocol	123
Run-Time Optimization	132

【S】

shared risk link group	86
simplex method	17
slack variable	12
SO	132
SRLG	86
standard form	13
Start-Time Optimization	132
Suurballe 法	83

【W】

wavelength division multiplexing 方式	95
WDM 方式	95
Weighted SRLG 法	92
wide-range candidate	133
WSRLG 法	92

―― 著者略歴 ――

1991 年　慶應義塾大学理工学部計測工学科卒業
1993 年　慶應義塾大学大学院修士課程修了（計測工学専攻）
1993 年　日本電信電話株式会社入社
1999 年　博士（工学）（慶應義塾大学）
2000 年
〜01 年　米国 Polytechnic 大学客員研究員
2008 年　電気通信大学准教授
　　　　現在に至る

通信ネットワークのための数理計画法
Mathematical Programming for Communication Network
　　　　　　　　　　　　　　　　　　　　Ⓒ Eiji Oki 2012

2012 年 3 月 15 日　初版第 1 刷発行　　　　　　　　　　★

| 検印省略 | 著　者 | 大^{おお}　木^き　英^{えい}　司^じ |

著　者　　大　木　英　司
発行者　　株式会社　コロナ社
　　　　　代表者　　牛来真也
印刷所　　三美印刷株式会社

112-0011　東京都文京区千石 4-46-10
発行所　株式会社　コロナ社
CORONA PUBLISHING CO., LTD.
Tokyo Japan
振替 00140-8-14844・電話(03)3941-3131(代)
ホームページ http://www.coronasha.co.jp

ISBN 978-4-339-00828-9 （大井）　（製本：愛千製本所）
Printed in Japan

本書のコピー，スキャン，デジタル化等の無断複製・転載は著作権法上での例外を除き禁じられております。購入者以外の第三者による本書の電子データ化及び電子書籍化は，いかなる場合も認めておりません。

落丁・乱丁本はお取替えいたします

電子情報通信レクチャーシリーズ

■(社)電子情報通信学会編　　(各巻B5判)

共通

	配本順			頁	定価
A-1		電子情報通信と産業	西村吉雄著		
A-2	(第14回)	電子情報通信技術史 —おもに日本を中心としたマイルストーン—	「技術と歴史」研究会編	276	4935円
A-3	(第26回)	情報社会・セキュリティ・倫理	辻井重男著	172	3150円
A-4		メディアと人間	原島博 北川高嗣 共著		
A-5	(第6回)	情報リテラシーとプレゼンテーション	青木由直著	216	3570円
A-6		コンピュータと情報処理	村岡洋一著		
A-7	(第19回)	情報通信ネットワーク	水澤純一著	192	3150円
A-8		マイクロエレクトロニクス	亀山充隆著		
A-9		電子物性とデバイス	益川一哉 天川修平 共著		

基礎

	配本順			頁	定価
B-1		電気電子基礎数学	大石進一著		
B-2		基礎電気回路	篠田庄司著		
B-3		信号とシステム	荒川薫著		
B-4		確率過程と信号処理	酒井英昭著		
B-5		論理回路	安浦寛人著		
B-6	(第9回)	オートマトン・言語と計算理論	岩間一雄著	186	3150円
B-7		コンピュータプログラミング	富樫敦著		
B-8		データ構造とアルゴリズム			
B-9		ネットワーク工学	仙田正和 石村裕 中野敬介 共著		
B-10	(第1回)	電磁気学	後藤尚久著	186	3045円
B-11	(第20回)	基礎電子物性工学 —量子力学の基本と応用—	阿部正紀著	154	2835円
B-12	(第4回)	波動解析基礎	小柴正則著	162	2730円
B-13	(第2回)	電磁気計測	岩﨑俊著	182	3045円

基盤

	配本順			頁	定価
C-1	(第13回)	情報・符号・暗号の理論	今井秀樹著	220	3675円
C-2		ディジタル信号処理	西原明法著		
C-3	(第25回)	電子回路	関根慶太郎著	190	3465円
C-4	(第21回)	数理計画法	山下信雄 福島雅夫 共著	192	3150円
C-5		通信システム工学	三木哲也著		
C-6	(第17回)	インターネット工学	後藤滋樹 外山勝保 共著	162	2940円
C-7	(第3回)	画像・メディア工学	吹抜敬彦著	182	3045円
C-8		音声・言語処理	広瀬啓吉著		
C-9	(第11回)	コンピュータアーキテクチャ	坂井修一著	158	2835円

	配本順			頁	定価
C-10		オペレーティングシステム	徳田英幸 著		
C-11		ソフトウェア基礎	外山芳人 著		
C-12		データベース	田中克己 著		
C-13		集積回路設計	浅田邦博 著		
C-14		電子デバイス	和保孝夫 著		
C-15	(第8回)	光・電磁波工学	鹿子嶋憲一 著	200	3465円
C-16		電子物性工学	奥村次徳 著		

展開

	配本順			頁	定価
D-1		量子情報工学	山崎浩一 著		
D-2		複雑性科学	松本隆 編著		
D-3	(第22回)	非線形理論	香田徹 著	208	3780円
D-4		ソフトコンピューティング	山川烈／堀尾恵一 共著		
D-5	(第23回)	モバイルコミュニケーション	中川正雄／大槻知明 共著	176	3150円
D-6		モバイルコンピューティング	中島達夫 著		
D-7		データ圧縮	谷本正幸 著		
D-8	(第12回)	現代暗号の基礎数理	黒澤馨／尾形わかは 共著	198	3255円
D-10		ヒューマンインタフェース	西田正吾／加藤博一 共著		
D-11	(第18回)	結像光学の基礎	本田捷夫 著	174	3150円
D-12		コンピュータグラフィックス	山本強 著		
D-13		自然言語処理	松本裕治 著		
D-14	(第5回)	並列分散処理	谷口秀夫 著	148	2415円
D-15		電波システム工学	唐沢好男 著		
D-16		電磁環境工学	徳田正満 著		
D-17	(第16回)	VLSI工学 —基礎・設計編—	岩田穆 著	182	3255円
D-18	(第10回)	超高速エレクトロニクス	中村徹／三島友義 共著	158	2730円
D-19		量子効果エレクトロニクス	荒川泰彦 著		
D-20		先端光エレクトロニクス	大津元一 著		
D-21		先端マイクロエレクトロニクス	小田柳光正／田中徹 共著		
D-22		ゲノム情報処理	高木利久／小池麻子 編著		
D-23	(第24回)	バイオ情報学 —パーソナルゲノム解析から生体シミュレーションまで—	小長谷明彦 著	172	3150円
D-24	(第7回)	脳工学	武田常広 著	240	3990円
D-25		生体・福祉工学	伊福部達 著		
D-26		医用工学	菊地眞 編著		
D-27	(第15回)	VLSI工学 —製造プロセス編—	角南英夫 著	204	3465円

定価は本体価格+税5%です。
定価は変更されることがありますのでご了承下さい。

図書目録進呈◆

コンピュータサイエンス教科書シリーズ

（各巻A5判）

■編集委員長　曽和将容
■編集委員　　岩田　彰・富田悦次

配本順			頁	定価
1. （8回）	情報リテラシー	立花　康夫／曽和将容／春日秀雄 共著	234	2940円
4. （7回）	プログラミング言語論	大山口　通夫／五味　弘 共著	238	3045円
6. （1回）	コンピュータアーキテクチャ	曽和　将容 著	232	2940円
7. （9回）	オペレーティングシステム	大澤　範高 著	240	3045円
8. （3回）	コンパイラ	中田育男 監修／中井央	206	2625円
11. （4回）	ディジタル通信	岩波　保則 著	232	2940円
13. （10回）	ディジタルシグナルプロセッシング	岩田　彰 編著	190	2625円
15. （2回）	離散数学 —CD-ROM付—	牛島和夫 編著／相利民／朝廣雄一 共著	224	3150円
16. （5回）	計算論	小林　孝次郎 著	214	2730円
18. （11回）	数理論理学	古川康一／向井国昭 共著	234	2940円
19. （6回）	数理計画法	加藤　直樹 著	232	2940円
20. （12回）	数値計算	加古　孝 著	188	2520円

■以　下　続　刊■

2.	データ構造とアルゴリズム	伊藤　大雄 著	3.	形式言語とオートマトン	町田　元 著
5.	論理回路	渋沢・曽和 共著	9.	ヒューマンコンピュータインタラクション	田野　俊一 著
10.	インターネット	加藤　聰彦 著	12.	人工知能原理	嶋田・加納 共著
14.	情報代数と符号理論	山口　和彦 著	17.	確率論と情報理論	川端　勉 著

定価は本体価格＋税5％です。
定価は変更されることがありますのでご了承下さい。

◆図書目録進呈◆